心灵鸡汤大
超值珍藏

编者◎闫 晶

别在该努力的年纪，
徘徊不前

图书在版编目（CIP）数据

心灵鸡汤大全集：超值珍藏版 / 闫晶编 . -- 北京：

世界图书出版公司北京公司 , 2011.6

　　ISBN 978-7-5100-3715-3

　　Ⅰ . ①心… Ⅱ . ①闫… Ⅲ . ①人生哲学—通俗读物

Ⅳ . ① B821-49

中国版本图书馆 CIP 数据核字 (2011) 第 133855 号

书　　　　名	心灵鸡汤大全集：超值珍藏版	
（汉语拼音）	XINLING JITANG DAQUANJI: CHAOZHI ZHENCANGBAN	
编　　　者	闫　晶	
总 策 划	吴　迪	
责 任 编 辑	刘　煜	
装 帧 设 计	天昊书苑	
出 版 发 行	世界图书出版公司长春有限公司	
地　　　址	吉林省长春市春城大街 789 号	
邮　　　编	130062	
电　　　话	0431-86805551（发行）　　0431-86805562（编辑）	
网　　　址	http://www.wpcdb.com.cn	
邮　　　箱	DBSJ@163.com	
经　　　销	各地新华书店	
印　　　刷	北京一鑫印务有限责任公司	
开　　　本	889 mm × 1194 mm　1/32	
印　　　张	25	
字　　　数	519 千字	
印　　　数	1—10 000	
版　　　次	2011 年 6 月第 1 版　　2019 年 10 月第 1 次印刷	
国 际 书 号	ISBN 978-7-5100-3715-3	
定　　　价	180.00 元（全 5 册）	

前／言

　　人生是一个不断追求的过程，我们追求学业、追求事业、追求温情、追求幸福。时光在指尖流转，生活在光阴中继续。每个人都希望自己的人生是完美的，虽然这不容易做到，但是我们却可以通过自己的努力，让自己的人生少留一些遗憾，这样的人生同样也是完满的。

　　人的一生，都希望得到最多的快乐和幸福，希望自己的每一天都过得愉悦和惬意，希望身边的亲人和朋友也能像自己一样。于是，我们都在努力着。

　　我们一直很努力，争取做一个最好的自己；我们时刻在努力，尽量让未来对得起我们的努力。

　　苏格拉底曾说，人生就是一次无法重复的选择。每个人都会时常面临来自学习、生活、工作和社会的各种各样的压力和问题。当难题迎面而来的时候，充分汲取、掌握并运用深刻的哲理来指明前进的方向，领悟人生的意义，才能加速我们成功的进程。

　　每个人都希望拥有一个完满的人生，并为此付出努力。虽然生活当中总有一些不如意，但是我们追求完美的脚步却从不停歇。因为我们知道，生活总要继续，还有许多美好的人和事在未知的前方等着我们。为了能够遇见未来更好的自己，我们不能停下来，当然，我们也停不下来。因为我们已经在生活中了，所以请跟着它快乐地走下去吧！

目／录

1

Y

第一章

谁的故事不曾泪流满面

我不是你的恩人

珠子的未婚夫田边贞辅约她共进午餐，她下电车早，决定去护城河畔散散步。一位衣着考究的青年向珠子问路："请问，日东殖产公司在哪？"

"前面第二个拐弯处左拐，靠左角的那幢大楼。"珠子热心指点他。她的未婚夫就在那工作，是采购部部长。

"啊，还那么远哪，谢谢……"青年手举到帽檐敬了个礼。端庄的脸，眉毛浓黑，目光锐利，大耳朵，尖下巴，左边长着一颗黑痣。看到这张脸，珠子不由自主"啊"了一声，记忆回到四年前。

四年前，珠子被录用为随军南下的打字员，从长崎乘上了陆军518号运输船航行到第四天，突然中鱼雷袭击，把她甩到邻人身上，弹出一丈来远。

霎时舱内混乱，眼看船要沉了，人们纷纷挤向甲板，不少人被活活挤死。珠子好不容易挤上去，船已下沉。

仅有的几只救生艇挤满人，漂在海里的人想爬上去，却被艇上伸出的木桨和手重新打入水中，再也没浮上来。救生艇多加一个人，就多增加一分危险，生死存亡威胁之下，谁都变得自私而冷漠。

珠子拼命朝最近那艘艇游去，无助地叫道："让我上去！"艇上人个个铁青着脸一声不吭。珠子眼看要绝望了，艇上一青年突然站起来说："喂，让这姑娘上来！我换她，我到对面筏子上去。我比她重，这样，小艇安全些。"艇上人迟疑一下，把珠子拉上去。那青年很守信诺，非常干脆地跃入海中。

此后不久，珠子决定重赴战场，她千方百计打听那个青年，结果连名字都没弄清楚。她一直想着和他重逢，并向他致谢，然后两人之间产生爱情……

珠子努力思索四年前那个青年的面貌，心猛地跳起来："没错，是他！就是他！"珠子反身也朝日东殖产公司走去。她要去找他，当面谢谢他的救命之恩。

走到田边办公室门前，珠子听到有人在说话。很凑巧，刚才那人正坐在田边对面，珠子笑起来："原来你是找田边的？"

青年露出莫名其妙的神情："是问我吗？你是……"

"请问，你战争期间有没有随军去过南洋？"

"啊，有过。"

"你乘过 518 号运输船吗？"

"518 号？被鱼雷击中的那条？"

"是啊，你肯定也在船上，还记得吗？你曾把一个女人救上救生艇，自己代她跳入海中？"

"啊，似乎有过，不过已过去了，那你……"

"被救的人就是我啊……我总算遇见你了……"珠子激动不已，两手平放桌上，恭恭敬敬向他致谢，"非常感谢，多亏了您，我才活到今天。"

"啊，不客气……"青年的脸涨红了。珠子热情挽留，并向田边说明事由，田边也一并跟着致谢。

那青年面对两人的感谢显得很狼狈，屡次欲言又止。最后，毅然站起来对珠子说："小姐，你两次都在我人生关键时刻出现，不过，我们再也不会见面了。"说着转身对田边说："田边先生，我们的合同作废了，这些钱还给你。"说着，拿出好几沓纸币，堆放桌上，自顾自地走了。扔下田边和珠子目瞪口呆，百思不解。

田边说："珠子，你害苦我啦，我刚跟他签了合同。你这一搅和，生意全泡汤了。"珠子满脸歉意，但也不知怎么回事，她只想向他道谢，感激救命之恩。可他为什么会很生气地毁了合同就走了呢？

几天后，田边收到一封信。

田边先生、珠子小姐：

我带着歉意给你们写这封信。

珠子小姐，关于你的感激，我实不敢当，当年我并非存心救你。其实我很自私，看到小艇挤满了人，心想到时准会翻船，不如趁有力气游到附近筏子上安全些，所以我就顺便拉你上来，却没料到你竟这样刻骨铭心，还那样感激我，我真是……

战后，迫于生存，我加入了诈骗公司，现在我的公司和本人都在警察通缉令上。老实说，我本打算搞到这笔钱后暂时销声匿迹。没想到……你口口声声叫我恩人，真让我无地自容。我再也没勇气这么干了。所以……事情就是这样的，我祝福你们生活幸福……

如果有一天你们得知我上了断头台，请为我烧一炷香吧……

摘自：〔日本〕石板洋次郎《我不是你的恩人》

我这一生都在思考鲁迅

月底，我就要成为一个 74 岁的老人了，我想这可能是我最后一次中国之行。于是，我提出要求，希望让我去北京的鲁迅博物馆，去看看那些自己一直以来都怀疑有没有资格直接看到的东西。对我而言，我这一生都在思考鲁迅，也就是说，在我思索文学的时候，总会想到鲁迅，所以，我要从这里开始讲起。

我第一次听到鲁迅这个大作家的名字，是在我 9 岁到 10 岁的时候，当时我还在国民学校上小学。现在想来，那是收集了从《呐喊》到《野草》等鲁迅于北京时期创作的中短篇作品的一本翻译过来的小书。母亲很爱看这本书，并把它送给了我。于是，我看到了其中的一篇短篇小说，叫作《孔乙己》。

我看了之后觉得很有意思，自己也想成为那个伙计，想像他那样仔细地观察大人。

后来，我上了大学里的法国文学系，作为一名 23 岁的东京的学生，我在东京大学的报纸上发表了一篇短篇小说，叫作《奇妙的工作》。

这是一篇阴暗的小说，当这篇短篇小说登在大学报纸上，我拿到了第一笔稿费的时候，心里却感到了喜悦。然而，母亲却是万分失望。

"你说要去东京上大学的时候，我叫你好好读读鲁迅老师的《故乡》，你还把它抄在笔记本上了：'我想：希望是本无所谓有，无所谓无的。这正如地上的路，其实地上本没有路，走的人多了，也便成了路。'我隐约觉得你要走文学的道路，希望你能成为像鲁迅老师那样的小说家，能写出像《故乡》那样美丽的文章来。你这算是怎么回事？怎么连一片希望的碎片都没有？"

"母亲，鲁迅不只在《故乡》里用了希望这个词，还在《白光》里头也用了。我就是想起了里头的一段话，才写出这篇小说的。"

说完，我就看到了母亲的眼睛里流露出可怕的轻蔑的神情，那种轻蔑我至今还是记忆犹新。母亲说道："我没上过东京的大学，也没什么学问，只是一个住在森林里的老太婆。但是，鲁迅老师的小说，我都会全部反复地去读。你也不给我写信，现在我也没有朋友，所以，鲁迅老师的小说，就像是最重要的朋友从远方写来的信，每天晚上我都反复地读。你要是看了《野草》，就知道有篇《希望》，你看了《希望》吗？"

我坦白说，没有看过。那晚，我回到东京。母亲给我的《野草》全篇，我就在夜行的火车上读了起来。

如今，我已 73 岁，在夜行火车上诵读《野草》，至今已经 50 年。我来到了鲁迅博物馆。我想要在那个翠竹掩映的庭院里，在心里默默朗诵一遍牢记于心的《希望》的全文。

我的心分外寂寞。

然而我的心很平安：没有爱憎，没有哀乐，也没有颜色和声音。

我大概老了，我的头发已经苍白，不是很明白的事么？我的手颤抖着，不是很明白的事么？那么，我的灵魂的手一定也颤抖着，头发也一定苍白了。

然而这是许多年前的事了。

这以前，我的心也曾充满过血腥的歌声：血和铁，火焰和毒，恢复和报仇，而忽而这些都空虚了，但有时故意地填以没奈何的自欺的希望。希望、希望，用希望的盾，抗拒那空虚中的暗夜的袭来，虽然盾后面也依然是空虚中的暗夜，然而就是如此，陆续地耗尽了我的青春。

我早先岂不知道我的青春已经逝去了？但以为身外的青春固在：星，月光，僵坠的蝴蝶，暗中的花，猫头鹰的不祥之言，杜鹃的啼血，笑的渺茫，爱的翔舞。虽然是悲凉缥缈的青春罢，然而究竟是青春。

然而现在何以如此寂寞？难道连身外的青春也都逝去，世上的青年也多衰老了么？绝望之为虚妄，正与希望相同。

老实说，我还不能完全清楚把握文章的意思。但至少我现在能够理解，为什么母亲对年轻的我使用廉价的"绝望""恐惧"等词汇表现出失望，倒让我去读《野草》里的《希望》。隔着50年的光阴，我终于明白了母亲的苦心。

摘自：《意林》2009 年 15 期

风，可以穿越荆棘

生命如风。

好一个亘古比喻，你也许感慨来也匆匆，去也匆匆，不着一丝痕迹；我却跋山涉水，在时空里淘尽沙砾，找到了这个比喻的真谛。唯有风，可以穿越荆棘。

狄金森把人生描绘成篱笆墙的内外。事实上，这层篱笆缀满荆棘。我们通过时，往往遍体鳞伤，身心俱疲，这时，你看到，风在墙外千萦百折，不屈不挠地呼啸而过，空气中留下壮观的痕迹。

我们在人生路途中前行，在坎坷中奔跑，在挫折里忧愁满身，痛苦飘洒一地。我们累，却无从止歇，我们苦，却无法回避。烈日暴雨来过，飞沙走石来过，我们布满伤痕，却还要面对一片片荆棘的丛林。

梭罗说："这儿可以听到河流的喧声，那失去的远古的风，飒飒吹过我们的树林。"或许回首远古，能把生命如风的真谛领悟。

苏轼看见了风，这个曾经辉煌的人，因黄州诗集开始落魄，流落四方，辗转难安，在赤壁的月夜，他心灰意冷，看"江上之清风，山间之明月"，做他那个神鹤翩然而舞的梦，面对如江水般深沉的失意，他看见风在山顶呼啸、盘旋。然后带着撕身裂骨的阵痛穿越漆黑的荆棘林。刹那间，他心中郁结的块垒，缠绕的苦痛随风而散。挫折、痛苦，唯有忘记、顿悟。

于是他逍遥红尘，寄情山水，最终名垂千古，只是那夜的风，已遗落于岁月，无人见得了……

凡·高看见了风，他在向日葵田地中懒散地躺着，纠结于一个难解的疑问而痛苦耗尽心血的画作，竟无人理解，一幅也卖不出去，对于一个把艺术当生命的人来说，无人欣赏自己的艺术好比无人重视自己的生命。这是一种被轻视、被鄙视的巨大痛苦，这是一个人生命中最大的挫折。

幸而他看见了一阵风吹过向日葵田地。那阵风被阻挡了，发出愤怒的吼叫，然而它们向前、向前！全然不顾被招摇的枝干划破身躯，它们成功了。

于是他也成功了。

《向日葵》等画作在他死后不久，直至今日，都是价值连城的稀世珍品。

关于风的故事太多太多。

在风吹着号角越过一座又一座沉默的荆棘林时，相信很多睿智的眼睛已经看到它在昭示什么。

唯有风，可以穿越荆棘。

唯有学习风，我们才能藐视一切挫折，让痛苦烟消云散，让快乐洒满路途。

来源：2004 年四川省高考满分作文

多余一句话

那天我坐公交车去找朋友，车上人不多，但也没有空位子，有几个人还站着吊在拉手上晃来晃去。

一个年轻人，干干瘦瘦的，戴个眼镜，身旁有几个大包，一看就是刚从外地来的。他靠在售票员旁边，手拿着一个地图在认真研究着，眼睛不时露出茫然的神情，估计是有点儿迷路了。

他犹豫了半天，很不好意思地问售票员："去颐和园应该在哪儿下车啊？"

售票员是个短头发的小姑娘，正剔着指甲缝呢。她抬头看了一眼外地小伙子说："你坐错方向了，应该到对面往回坐。"

要说这些话也没什么错了，大不了小伙子下一站下车到马路对面坐回去吧。

但是售票员可没说完，她说了那多余的最后一句话：

"拿着地图都看不明白，还看个什么劲儿啊！"售票员姑娘眼皮都不抬。

外地小伙儿可是个有涵养的人，他嘿嘿笑了一笑，把地图收起来，准备下一站下车换车去。

旁边有个大爷可听不下去了，他对外地小伙子说："你不用往回坐，再往前坐四站换904也能到。"

是他说到这儿也就完了那还真不错，既帮助了别人，也挽回北京人的形象。

可大爷哪儿能就这么打住呢，他一定要把那多余的最后一句话说完："现在的年轻人哪，没一个有教养的！"

我心想，大爷这话真是多余，车上年轻人好多呢，打击面太大了吧。

可不，站在大爷旁边的一位小姐就忍不住了。"大爷，不能说年轻人都没教养吧，没教养的毕竟是少数嘛，您这么一说我们都成什么了！"这位小姐穿得挺时髦，两细带子吊个小背心，脸上化着鲜艳的浓妆，头发染成火红色。可您瞧人这话，不像没教养的人吧，跟大爷还"您"啊"您"的。谁叫她也忍不住非要说那多余的最后一句话呢！

"就像您这样上了年纪看着挺慈祥的，一肚子坏水儿的可多了呢！"

没有人出来批评一下时髦的小姐是不正常的。可不，一个中年的大姐说了："你这个女孩子怎么能这么跟老人讲话呢，要有点儿礼貌嘛，你对你父母也这么说吗？"

您瞧大姐批评得多好！把女孩子爹妈一抬出来，女孩子立刻就不吭？要说这会儿就这么结了也就算了，大家说到这儿也就完了，大家该干嘛干嘛去。可不要忘了，大姐的"多余的最后一句话"还没说呢。"瞧你那样，估计你父母也管不了你。打扮得跟鸡似的！"

后面的事大家就可想而知了，简单地说，出人命的可能都有。

这么吵着闹着，车可就到站了。

车门一开，售票员小姑娘说："都别吵了，该下的赶快下车吧，别把自己正事儿给耽误了。"当然，她没忘了把最后一句多余的话给说出来："要吵统统都给我下车吵去，不下去我车可不走了啊！烦不烦啊！"

烦不烦？烦！不仅她烦，所有乘客都烦了！整个车厢这可叫炸了窝了，骂售票员的、骂外地小伙子的、骂时髦小姐的、骂中年大姐的、骂天气的、骂自个儿孩子的，真是人声鼎沸，甭提多热闹了！

那个外地小伙子一直没有说话，估计他受不了了，他大叫一声："大家都别吵了！都是我的错，我自个儿没看好地图，让大家跟着都生一肚子气！大家就算给我面子，都别吵了行吗？"

听到他这么说，当然车上的人都不好意思再吵了，声音很快平息下来，少数人轻声嘀咕了两句也就不说话了。但你们不要忘了，外地小伙子的"多余的最后一句"还没说呢。"早知道北京人都是这么一群不讲理的，我还不如不来呢！"

想知道事情最后的结果吗？

我那天的事情没有办成，大伙儿先被带到公安局录了口供，然后到医院外科把头上的伤给处理了一下，我头上的伤是在混战中被售票员小姑娘用票匣子给砸的。

你们可别认为我参与了他们打架，我是去劝架来着。我呼吁他们都冷静一点儿，有话好好说，没什么大事儿，没什么必要非打个头破血流。

我多余的最后一句话是这么说的："不就是售票员说话不得体吗？你们就当她是个傻X，和她计较什么呢？"

来源：搜狐网

天冷好读书

上小学时，一到冬天，家乡就经常下雪。那时候，教室是瓦房，到处漏风，取暖设备很稀缺，老师就叫同学们从家里带柴火到学校，每个人交十来斤。山区柴火倒不缺，同学们把树疙瘩背到学校，下雪了就在教室后角落生起熊熊大火，边取暖边读书。窗外白雪纷纷，教室里书声琅琅。印象最深刻的，是大家齐声朗诵杜甫的诗："两个黄鹂鸣翠柳，一行白鹭上青天。窗含西岭千秋雪，门泊东吴万里船。"大家摇头晃脑，拉着腔调反复读，清脆的童声穿透冰天雪地的严寒，留下诗意的温暖。

后来读大学，也喜欢天冷的时候读书。大二寒假，留在学校没回去，整天窝在宿舍看书。外面经常是冷雨如注，被窝里却温暖异常，再加上忘情于好书，真觉得人生如此，夫复何求。那个假期，认真地通读了《史记》。太史公的笔法，十分传神，简处极简，繁处极繁。看到项羽兵败，四面楚歌，真是为英雄叹息。读到他率领二十八骑斩将、破围、重聚，杀数十百人，只亡两骑，真是百万军中取上将首级，如探囊取物。那份佩服，难以形容。可是，英雄落难，项羽终于自刎，掩卷沉思，无限惋惜。

印象中，有很多书都是在冬天读的，比如《红楼梦》《三国演义》《水浒传》《鲁迅文集》等等。有时赶上下雪，外面白雪漫卷，室内台灯一盏，打开一本好书，便是无尽的享受。经常会在下雪的时候重读《水浒传》中《林教头风雪山神庙》那一章。读到"正是严冬天气，彤云密布，朔风渐起，却早纷纷扬扬卷下一天大雪来"，想着林教头用破枪挑着一壶烧酒走在风雪之中，觉得格外拉风。读到他手刃仇人，扬长而去，心想英雄确实当如此。

寒夜书中也有儿女情长的美景。读《红楼梦》，读到《琉璃世界白雪红梅》那一回，大观园里众人各逞诗才，寒冬天气，顿增无限旖旎。

来源：喜马拉雅FM

青 海 的 云

青海的草原像一块被雨水淋湿的毡子，太阳升起后，开满鲜花。白色的道路和毡房都在上面，像刚刚打开的一幅地图。小鸟儿翻飞，挑选地面上哪一朵花开得更好。河流四肢袒露，是大地脱去衣衫露出的银白色肌肤。

大地洗浴时，身体在阳光下闪光，它那波浪的肋骨里藏着鱼的秘密，沙蓬和旱柳走到岸边看石子底下的金屑。

我开车去扎陵湖，路边草滩站着两个小女孩，手里拿着野花。她们腼腆节制却笑得热烈，原来鲜艳的衣裤被太阳晒褪色了，而腮边如胭脂那么红。这里没有人烟，两个孩子像是从地里冒出来的。这里的土地生长着异乎寻常的生物，包括胭脂红的孩子。她们欢迎我，虽然不知我的到来，看到这样的孩子，为之情怯，仿佛配不上她们的清澈。

所谓"远方的客人请你留下来"，这句歌词在青海极为写真。大城市的人不会对外来者发出这样的邀约。淳朴的牧民，特别是孩子们笑对远方的来客，敬意写在脸上。茫茫草地上，不需要问谁是远来的人，一望即知。

说起来，想都想不明白，他们为什么会尊敬与爱一个陌生的闯入者呢？

这与他们的价值观相关。牧人们在草场支蒙古包，地上钉楔子系绳。搬走的时候，拔出楔子，垫土踩实，不然它不长草。不长草的泥土如同一处伤口，用蒙古人的话说——可怜，于是要照顾土地。他们捡石头架锅煮饭，临走，把石头扔向四面八方，免得后来的牧民继续用它们架锅。它们被火烧过，累了，要休息。这就是蒙古人的价值观，珍惜万物，尊重人，更尊重远方的来客。

在湖边，我下车走向拿花的女孩们。她们犹豫一下，互相对视一下，扭捏一下，突然唱起歌来，是两个声部，蒙古长调。

如此古老的牧歌，不像两个孩子唱的，或者说不像唱出来的。歌声如鸟，孩子被迫张嘴让它们飞出来。鸟儿盘旋、低飞，冲入云端。在这样的旋律里，环望草原和湖水，才知一切皆有因果，如歌声唱得一般无二。歌声止，跟孩子摆摆手上路，这时说"你们唱得真好"显得可耻。

脚上的土地绿草连天，没一处伤口。在内蒙古，由于外来人垦荒、开矿以及各种名目的开发，草原大面积沙化。沙化的泥土不知去向，被剥掉绿衫的草原如同一个丰腴的人露出了白骨。失去草原的蒙古人，不知怎样生存。八百年来，他们没来得及思考放牧之外其他的生活方式。

青海的云，是游牧的云。云在傍晚回家，余晖收走最后的金黄，云堆在天边，像跪着睡觉的骆驼，一朵挨着一朵，把草原遮盖严密。不睡的骆驼昂首望远，是哨兵。到了清晨，水鸟在湖面喧哗，云伸腰身，集结排队。云的骆驼换上白衣，要出发了，去天庭的牧场。

摘自：《文苑》2008 年 12 期

爱着的松子的一生

　　川尻松子，女，成平十三年七月十日下午三点被发现死于荒川河畔某公园内，享年五十三岁。死者松子衣着邋遢不堪，身份扑朔迷离，独居河畔的她无人问津，她的生死也无人在意。在家人和邻居的口中，松子模糊的脸庞逐渐清晰，而她被嫌弃的一生，跃然纸上。

　　影片《被嫌弃的松子的一生》以松子之死发生并倒序展开，而她的一生，也在侄子阿笙的探寻与追问下由知情人们的记忆片段渐渐拼凑而出……

　　半路出家的导演中岛哲也在广告界取得不俗成就之后，转身进入影视圈，并在《下妻物语》等多部佳作的呈现之中逐渐确立了自己以"MV美学"为基础的视觉系奇幻风格。谈及中岛哲也，不可跳过的作品便是这部《被嫌弃的松子的一生》，它在中岛哲也的创作人生中占据着重要地位。而松子的扮演者中谷美纪，也凭借片中的出色表演加冠在身，成为 2006 年日本影坛最耀眼的女演员，将日本电影圈内包括日本电影金像奖、电影旬报、报知电影赏等几乎所有最佳女主角奖项收入囊中。

《被嫌弃的松子的一生》大获成功的背后，倾注着创作者的哲思——声光电编织出的缤纷迷梦与现实社会的漠视构成了内涵深蕴的"中岛表达"。中岛哲也标新立异于大荧幕，在浓墨重彩之中肆意解构生活的荒诞，尽情放大现实的残酷。

千人千面的松子的一生

夕阳映在河面，芦苇丛中飘来悠扬的歌声，那是松子的歌声。那时的她只是一个受人尊敬的中学教师，生活平静而美好。然而学生偷盗，诬陷老师，松子被迫辞职，她冲动地抛下一切，背井离乡，而此后的人生天翻地覆。

再次见到弟弟，她的眼睛裹着纱布，终日遭受的毒打和谩骂只被嘴角的浅笑轻掩而过，寒酸的生活驱使着她到处借钱，又或是委身于人，做情妇度日。终于，感情的失败和生活的拮据扼住了她的喉咙，从此，土耳其浴所中多了一个叫"雪乃"的女郎。抛下"松子"的外壳，她生活得看似没有了往日的负担。然而一朝生意惨淡，被扫地出门，她在故乡成为流浪人。

杀人，惊慌失措；逃亡，万念俱灰；相逢，重燃希望；无奈，命运欺弄。铁墙之下，她过着机械的生活，"没人来看我"，她回答得如此决绝，可知心中却还有一丝残存的信念——那是为爱而活的信念。

八年死水，再起涟漪。带着一份欣喜和激动，松子走出高墙，奔向了自己向往的生活，然而事与愿违，生活竟如此戏谑。十年轮回，好似抚平了一切，再次相遇，那是龙洋一，她人生转折的起点。曾经她的学生，现在她的爱人。不顾一切地坠入爱河，松子这一次全然解脱，她拒绝了朋友的帮助，为爱走上黑道，日夜躲避追杀，只为守护心中那份小小的、脆弱的爱情。然而赎罪后的等待，等待中的期望，期望下的失望，失望最终换来了心死。

当年清丽动人的松子老师，如今却裹挟着臃肿的皮囊死于河畔，如此唏嘘。在警官、家人、朋友、学生和邻居思绪的回流中，我们终于看清了川尻松子的一生——传奇而曲折的一生。

导演用多人视点的叙述方式勾起了一个个相互分离又相互联结的记忆片段，多重内聚焦，层次迭起。每个人眼中都有一个松子，而松子的每一个侧面都完善着她多元的立体形象，这是一个丰满而多彩的形象，在那个被贴上"嫌弃"标签的一生中，无奈抛洒着笑与泪，也努力负载着痛与爱。

"中岛表达"下的松子的一生

导演中岛哲也的电影向来以 MV 式的构图、夸张的人物造型、大色块的饱和画面和情节的急促感与速度感著称，这样的风格恐怕与他从事广告拍摄不无关系，早年的经历成就了如今踏入电影圈的他，也令"中岛表达"成为大荧幕中的一个现象级风格。

电影开篇松子的惨死便预示着这是一个悲剧故事，然而导演却为它带上了小丑的礼帽，披上了炫彩的外衣。诙谐逗趣的表达方式、眼花缭乱的舞台剧效果、复古的装扮、艳俗的背板，故事却如同喜剧一般明朗。喜剧手法下的悲剧人生，如此轻描淡写，又如此令人心痛。

糖果树，公主裙，这是松子童年的执念；于是导演便为她编织了这样一个童话。用华丽的影像蒙盖真实，用戏谑的手法嘲讽现世，中岛哲也一直这样践行着他的信念，他相信神性的力量会出脱于人性，并帮助人们泅渡当下，完成救赎。因此围绕松子的"童话"便成了导演手中的希冀，在超现实的情节当中借由它的美好传递心中不灭的向往。

室外斜阳温润，室内光晕朦胧，饱和度极高的暖色调贯穿全片，赤橙高光大放温情。即使松子遭受毒打，即使松子已黯然心死，画面之中也没有半分棱角，依然是那样安然、详静。色彩归于无形，在导演的镜头下化成一缕温柔的关怀，化开了现实的凄厉，也抚慰着无所适从的松子。

内部细节特写、女性主体发声，种种标签加之中岛哲也式反秩序、反常规和视觉冲击的画面与情节，处处洋溢着洛可可式美学风格。很梦幻，很轻盈，很浪漫，却也苍白，沉重而残酷。儿时的歌谣、游乐场和监狱中的动感歌舞烘托着这个浮夸的童话，狂欢的精神使"中岛表达"以一种"模糊性"成就了拓印当代社会的最佳角度。最终，《被嫌弃的松子的一生》在亦真亦幻的声光电表象中完成了对"中岛表达"的最好诠释，而独具一格的"中岛表达"也在塑造松子的一生中实现了从搭建影像体系到寻找精神内涵的飞跃。

父亲的冷漠与偏袒像一盆冷水浇透了松子小小的内心，她努力靠近，努力讨好，但最终那份用鬼脸艰难维持的亲情还是破碎了一地。童年父爱的缺失促使松子背上了一个执念——要找到爱，更要勇敢去爱。

她开始遇到一些男人，开始爱一些男人，以为从此有了归属和依靠，不再被讨厌和嫌弃。但是，她失败了，败得一塌糊涂。弟弟和她断绝关系，父亲也不再和她联系；八女川的毒打，刚野的玩弄，小野寺的背叛，就连贤治也没有等她出狱而娶妻生子；当然还有龙洋一，那个她曲折人生的起点、爱情的终点。

"那一刻我觉得我的人生完了"，她总这样说；"为什么"，她总这样问；"没关系，总比一个人孤零零的要好"，她又总是这样安慰自己。一次次受伤，却又在不久之后重新振奋，继续用全部的热情和意志去找寻爱情；一次次失败，撞得头破血流，输得一败涂地，却又爱得如此热烈，爱到极致。这就是松子，她的眼中总是洋溢着明媚的春光，而心中潺潺的泪水却丝毫没有踪迹。义无反顾地投入其中，她全心全意地追求着，毫无头脑，毫无技巧，但也绝不退缩。

她总是对着空荡的房子说一句"我回来了"，人们却不知她在等待的是至亲之人的那句"欢迎回家"；她总是坐在岸边默默垂泪，只因为荒川的河畔有一种家的味道。在这条回归家庭和寻找爱情的道路上，松子只把委屈藏在心中，她用爱治愈了人类带血的伤痕，用宽容淡然面对暴力和谩骂，她一直在原谅那些本不可原谅的人，又深深地爱着他们。对于龙洋一而言，松子的爱与善过于炽烈，正如光芒照耀着凡人。

惶恐与不安化作一记重拳，松子的心被打入了深渊，恐怕她不会明白自己为何总是遭人嫌弃，自己的命运又为何总是这样多舛。从此，她成为邻居口中的"边缘松子"，不修边幅，生无可恋。微凉的晨光照着残败的身躯，跟随松子早已抽离的灵魂一步一步踏上了通向远方的阶梯。儿时的童谣再次响起，生命中的旅人一一闪过，妹妹轻唤"欢迎回来"，好似一切倒映重来。

川尻松子，一个失败者，她在毫无意义的人生中受尽凌辱，生而为人是她的过错。在鄙夷的目光中，她走向了地狱。川尻松子，一个胜利者，她在自己的世界里取得了永远的胜利，神圣到接受了死亡，她更应该去向天堂。

到天堂去，也许天国再没有伤害她的人，也许她还能在那里找到未在人间觅得的温暖。

来源：搜狐网

没错，宇宙中一定有过外星人

上个月，开普勒（Kepler）太空船团队中的天文学家们宣布他们已发现了 1284 颗新行星，它们都在太阳系外，沿着自己的轨道运行。经开普勒或其他途径所确认的"系外行星"如今已经超过 3000 颗，这代表人们对行星的认识有了革命性的飞跃。大约 10 年前，哪怕只发现一颗新的系外行星都是重大新闻，如今却已经不是如此了。天文观测技术的进步令我们可以成批发现行星，举例来说，我们现在已经知道，夜空中的每一颗星星都很有可能拥有至少一颗行星。

但是行星只是这一切的开始，所有人都想知道，在那些世界上是否有外星人居住。我们新获得的关于行星的知识是否有助于我们回答这个问题？

事实上，确实是有一点帮助的。我和天文学家伍德拉夫·苏利文（Woodruff Sullivan）在《天体生物学》（Astrobiology）杂志 5 月号上发表了一篇论文，指出虽然我们不知道银河系中是否存在先进的外星文明，但如今我们已经掌握信息，可以认为在宇宙历史的某个时点上，外星文明是肯定存在的。

科学家使用"德雷克等式"（Drake Equation）这个术语来描述我们有可能与之取得联系的外星社会存在的概率。1961 年，美国国家科学院请天文学家弗兰克·德雷克（Frank Drake）主持了一场科学座谈，主题是"星际沟通"的可能性。与外星生命取得联系的概率要看银河系中到底有多少先进的外星文明存在，因此德雷克列举了先进外星文明的存在所需要的七个因素，并把它们整合为一个等式。

第一个因素是每年会诞生多少颗新的恒星；第二个因素是有多少颗恒星拥有行星；第三个因素是有每颗恒星所拥有的行星当中，到底有多少颗行星是运行在适宜生命存在的轨道上（假定生命的存在需要液态水）；第四个因素是在这样的行星当中，究竟多少颗上已经有了真正的生命起源迹象；接下来的因素是存在生命的行星当中，究竟有多少颗行星上存在智能生物，以及发达的文明（也就是说，要有无线电信号）。最后一个因素是一个技术文明的平均寿命是多少。

德雷克等式并不像爱因斯坦的 $E=mc^2$。它并不是一个普遍的准则，只是一种进行系统化讨论的机制，可以帮助我们理解，在回答关于外星文明的问题的时候，我们究竟需要掌握什么知识。在 1961 年，只有第一个因素——每年会诞生多少颗新的恒星——是为人们所知的，其余几个因素人们直到前不久还不清楚。

所以，不管人们了解多少知识，关于外星文明的讨论到最后总会变成乐观或悲观的各自表述。比如说，到底有多少行星上可以形成生命呢？乐观主义者们会建立精致的分子生物模型，证明这个比例很大；悲观主义者则会引述自己的科学数据，证明这个比例近乎零。但是，鉴于目前有生命的行星的例子只有一个（就是我们这个星球），很难说究竟谁是对的。

再以文明的平均寿命为例。人类拥有无线电技术只有大约100年的历史，我们的文明还能存续多久？1000年？10万年？1000万年？如果一个文明的平均寿命很短，银河系很可能在大部分时间里是无人居住的。然而还是这个问题，我们手上只有一个例子，最后讨论又回到乐观主义者与悲观主义者之争。

但是我们关于行星的新知识已经可以从这场讨论中去除一些不确定因素。如今，德雷克等式中已经有三个因素是已知的了。我们知道每年会诞生多少颗恒星，我们知道几乎100%的恒星都拥有行星，我们也知道，其中有20%到25%的行星都适宜产生生命。因此，关于外星文明，我们第一次可以说出一些确凿的东西——如果我们问对了问题。

在我们最近的那篇论文中，我和苏利文博士在提出问题的时候，转变了德雷克等式的重点。我们的问题并不是"现在到底有多少外星文明存在"，而是"迄今为止，地球是宇宙中唯一出现过的技术文明，这个可能性有多大"。在这个问题中，我们可以把"文明的平均寿命"这个因素回避掉。这样一来就只有三个不确定因素了，我们可以把它们整合为一个"生物技术"的可能性问题：生命的诞生、智慧生命的诞生与掌握技术能力，这些究竟有多大的可能性。

你可能会觉得这种可能性非常低，因此另一个技术文明存在的概率非常小。但是，我们的计算表明，就算这种可能性相当低，我们也很有可能不是宇宙中的第一个技术文明。具体来说，除非在一颗宜居行星上发展起一个文明的可能性小于10的22次方分之一，否则地球不可能是第一个技术文明。

介绍一下这个数字的背景资料：在之前关于德雷克等式的讨论中，每100亿颗行星中能够诞生一个文明被认为是非常悲观的看法。根据我们的研究，就算以这个悲观的标准衡量，宇宙史上仍然有可能存在过1兆个文明。

换言之，鉴于我们现在已经知道了银河系中有多少行星以及它们的轨道位置，如果还要质疑先进外星文明存在过，这种悲观主义已经接近非理性的地步。

在科学当中，找到一个可以由现有数据解答的问题，也是一个重要的进步，我们的论文所做的就是这件事。至于说目前宇宙中是否存在其他文明这个大问题，我们可能要等待相当长的一段时间才能获得相关数据。但是我们不能低估人类在这样短的时期内取得了多么大的进展。

来源：百度文库

消逝的树

村庄让我觉得有点遗憾的，是村口没有一棵让人向往的古树。"应该有的。"我总是这样告诉自己，甚至想着那该是樟树、枫树、榆树、银杏或金桂，可是问过村里许多老人，他们都说没见过有树。这答案让我不禁有些失望。

就如一个家庭，总希望有位睿智老人在呵护和关注家人一样，觉得一个村庄，也该有这样的标志来护佑村庄，承载村庄历史，而这个标志最好是树，是苍劲挺拔的树，即便一棵，只要有生命存在，也了人心愿。于是，我在村庄更早通往外界的出口寻找，想在那里得到答案，却依然失望。

我知道村庄内曾经有棵树，那是棵桂花树，就长在一户人家的围院里。树很高，站在村头便能看到树冠，树干需三四个人环抱才行。深秋，庄稼收获的季节，微风吹过，整个村庄被金桂的甜香氤氲。孩提的我们，总喜欢跑进院子里看桂花雨，喜欢张开手掌掬着，倘若有花蕊落到手心，便像中了彩一般，欢喜不已。后来，那户人家搬走去了城市，每到清明，他们还回村庄祭祖，后来，他们把房子卖了。"房子卖了，是要断回乡的路了。"从此，在村庄再没见过他们。那年仲秋，我回乡探亲，习惯站在村头朝桂花树方向望，隐约中，感觉树没了原先的葱郁，倒有些像倦怠了的老人。那些日子，空气淡淡的，我开始隐隐有些不安，"那树已经两年没开花了，大概是老了，现在正落叶呢。"妈妈的话验证了我的猜测。我无法判断，这棵树的老去是因岁月，还是其他，只是这样的结果令人无奈，无法释怀。

村外田地边，曾有过一片银杏林（村里人称"白果林"），有十几棵银杏树，树干挺拔。孩提时，遇到大人在附近做事，我们总是跟着去林里玩。秋天，叶子黄了，果子熟了，宝贝似的捡回家，将叶作扇，将果磨孔，剔出核肉，做哨子。夏季的一个晌午，狂风大作，我冒雨给妈妈送蓑衣，虽是戴着雨笠，可见到妈妈时，我还是全身湿透。妈妈见了生气，怪我雨大风大不该出门，那年我七岁。时隔多年，我却依然记得，从银杏林回家，妈妈始终牵着我的手，从没松开。也就在那场暴雨中，村里一个男孩在野外放牛被雷电击倒，银杏林里几棵树或被连根拔起，或被雷电拦腰劈断。从此，村里少了一位俊秀少年，村外没了银杏林。从那以后，对于大自然，我心怀敬畏。

我还是放不下村口的标志，我给自己解释：或许在很久很久以前，村口是有棵树的，或樟树，或枫树，或榆树，只是这棵树没经得起岁月沧桑，以致后人不知晓罢了。而凡俗的我们，除了珍惜和感恩，谁又能抵得过时光和大自然的力量？

来源：文档库

第二章

谁不希望睡到自然醒

沙百灵的制胜之道

在撒哈拉沙漠，有一种特别的鸟儿叫沙百灵，它身体很小，只有麻雀那般大。就是这种弱小的鸟儿，在与"沙漠之王"响尾蛇的较量中，竟然每战必胜。

有探险家记录下了沙百灵与响尾蛇搏斗的精彩一幕，当沙百灵扑扇着翅膀停在沙丘上，准备寻找食物的时候，在沙丘里等候多时的响尾蛇凶猛地张开大口蹿了出来。眼看沙百灵就要成为响尾蛇的美餐时，不可思议的画面出现了，面对响尾蛇的扑击，身体灵活的沙百灵用自己并不有力的爪子狠狠地拍打着响尾蛇的头部，尽管力量有限，对响尾蛇似乎也构不成什么威胁，但沙百灵并没有因此而停止拍击。沙百灵一边躲闪着响尾蛇的血盆大口，一边用爪子疾速地拍击着响尾蛇的头部，其准确程度分毫不差。就在沙百灵拍击了一千多下之后，响尾蛇终于无力地瘫软在沙地上，再也爬不起来了。蛇口脱险的沙百灵停在沙丘上，从容地吃了一些甲虫类的食物后，才扑扇着翅膀慢慢地飞走了。

沙百灵和响尾蛇的力量对比是悬殊的，但为何获胜的总是弱小的沙百灵呢？生物学家对此解释为，沙百灵在经过长期的经验积累后，掌握了一套对付响尾蛇的制胜之道，那就是瞄准一个点——响尾蛇的头部，一个很脆弱的部位，并持之以恒地用爪子拍击。沙百灵就是用这种坚韧不拔的精神，在一次次敌强我弱的较量中赢得了最后胜利。

成功的人生往往就是从瞄准一个目标并且坚持不懈开始的。很多人之所以失败，就是因为缺少了沙百灵那种执着的精神。

摘自：《思维与智慧》2011

信念的力量

1954年之前，在4分钟之内跑完1英里被认为是不可能的。医生、生物学家进行实验，并用结果科学地证明，展示人类的极限，结论是人类不可能在4分钟之内跑完1英里，运动员们也验证了科学家和医生的观点，证明了他们实验的正确，1英里跑了4分3秒、4分2秒，但是从没有人能在4分钟跑完。从开始对1英里跑步计时以来，科学家、医生、世界顶尖运动员都已经证明了这个结论。

直到罗格·班尼斯特的出现。罗格·班尼斯特说："4分钟跑完1英里完全是有可能的，根本不存在什么人类极限，我可以做给你们看。"说这话的时候，他是牛津大学的医学博士，他也很擅长长跑，是顶尖运动员，但是离4分钟跑完1英里还是有距离的，他的最好成绩是4分12秒，所以自然没有人把他的话当真。

但是罗格·班尼斯特坚持刻苦训练，而且有了进步，他突破了4分10秒、4分5秒，然后是4分2秒，接下来就没有再突破，像其他人一样，无法再低于4分2秒了。

但他还是说，根本不存在什么人类极限，我们能在4分钟内跑完1英里。他坚持自己的观点，坚持训练，但是一直没有成功。

直到1954年5月6日，在他的母校牛津大学，罗格·班尼斯特用了3分59秒跑完了1英里，一下子就轰动了，他登上了全世界新闻的头条，"科学遭到挑战""医生遭到挑战""将不可能变为可能"。他跑完的1英里，成为梦想1英里。

6周后，澳大利亚运动员约翰·兰迪跑完1英里用了3分57.9秒；接下来的第二年，1955年，有37名运动员都在4分钟之内跑完了1英里；1956年，又有300名运动员突破了4分钟。

这是怎么回事？是因为运动员们更努力训练了吗？当然不是。是因为有了什么新的技术、高科技的跑鞋？都不是。

是信念，信念的力量多么强大啊。不是因为跑到那个时间，运动员们就说，糟糕，超过极限了，稍微放慢点吧。而是他们的潜意识限制了他们的能力，阻止他们去突破那个极限。那不是医生设定的物理障碍，不是科学家和生物学家宣称的身体极限，这是一种精神障碍。罗格·班尼斯特做到的只是打破了这个障碍，心理和精神上的障碍。

　　信念即自我实现预言，它经常能决定我们的行为，决定我们的表现能有多好或者多糟糕，它是我们人生成功和幸福的头号预言家。

　　　　　　　　　　　　　　　　摘自：《作文与考试》2016

醉看红尘笑红尘

喝酒层次

那天晚上，经过一天辛苦的工作，还有若干工作未了，吸了一口气，用力挥一下手，斟了一杯酒，望着浓艳艳的酒在杯中荡漾，轻轻呷上一口，长长地呼出一口气，情不自禁地歌颂："酒，真是好东西。"

不知用酒作题材写过多少篇散文了，有的，甚至就是在大醉之下写出来的，但还是写不尽。自从脱离酒鬼的行列以后，更能体会到酒的好处。

酒鬼被酒控制，只知道把酒灌进肚子去，不醉不休。在那种情形下，如何能领略到酒的好处？要领略酒的好处，必要保持清醒，不被酒控制，也不必控制酒。

烟花不寂寞

亦舒有一篇小说，名叫《她比烟花寂寞》，小说很好看，书名也很别致、华丽。想来想去，不明白的是，烟花寂寞吗？烟花如果寂寞，在什么时候寂寞呢？

当它被点燃，"轰"的一声飞上天的时候，它全副心神正准备迸发光彩，哪有时间去感到寂寞？而当它爆散，并发出夺目的彩焰，撒下一天的光彩之时，它的一切生命，都在迎接观赏者的喝彩，也不会有时间去寂寞。接下来，它一下子就消失了——结束了的生命，自然也不会寂寞，根本也不存在，还寂寞什么？

烟花不寂寞，因为它来去太匆匆，存在太短暂，而当它存在的时候，又一定最光辉灿烂，一刻等于一生，它没有时间寂寞。

寂寞的生命，必然久长，而且没有变化。想起来，百年巨木最寂寞，在一个不变的地方，生命持续一百年、两百年。而且生命一定没新意，冬天落叶，春天又发芽，每一年的变化都是一样的，年复一年，要重复好几百年。

真是太寂寞了。

若然不幸身为百年老树，所盼望的，是一次可以改变一切的雷殛。

烧烤和涮锅

天寒地冻，食物丰盛如香港的地区，人们变着花样来吃，就会喜欢两种进食的方法：烧烤和涮锅。这两种进食的方法，目的都是一样的：把生的食物变成熟的，可是过程却大不相同。

烧烤，是使食物直接接触到火的热力，由火焰的热力，直接使食物变熟，所以过程十分激烈，火焰舔在食物上，会发出由生变熟的过程中特有的声响，食物若是脂肪丰富的，还会起火，使食物变成燃烧的材料。烧烤的方法一有不妥，食物便容易在火焰之中，成为焦炭。烧烤，是一种直接的、激烈的、开放的、毫不客气的、严酷的进食方式，尤其是生的食物，在烧烤过程之中变熟时，更是惊心动魄。

涮锅令食物变熟的过程，是间接的。在食物和火焰之间，隔着水，火的热力先使水的温度升高，达到沸点。然后，把食物放进沸水之中，由水的热力使食物由生变熟，整个过程藏在水中进行，不能直接观察，不是那么赤裸裸，所以，看起来好像比较温和一点，血淋淋的程度减轻很多。大抵文人雅士、远庖厨的君子，要在烧烤和涮锅两种方式中任择其一，多半是会选择看来较为温和的涮锅。

若是食物本身有选择权，会选择哪一种过程呢？只会根本不选，结果完全一样，选来做什么？

可笑的事，世上有很多，明明结果是一样的，偏偏用不同的过程来变花样，变得好像很不同的样子。

于是，食物熟了，大口嚼吃吧，管它到底是怎么弄熟的！

摘自：《晚报文萃》2010

哎呀，爸爸

　　"哎呀""哎呀"是爸爸的口头禅。大事小事，喜事坏事，爸爸的第一反应常常先是一声"哎呀"。不知道的人问他为何如此一惊一乍，他慢条斯理地解释："或许是因为上了年纪吧！"可我知道，这其实是爸爸几十年主持彩票摇珠节目留下的职业病——每当中出大小奖，爸爸都会"哎呀""哎呀"地兴奋欢呼。

　　我真正领悟到怎么演戏，也得益于爸爸的这句口头禅。

　　年少时，我觉得爸爸在电视中兴奋的"哎呀"声很假，人家中了奖，他为什么那么兴奋？大奖"哎呀"一声也罢了，小奖也"哎呀"！当我 16 岁进入无线艺员班后，便以同行的身份向他提出开小奖时可不可以停止"哎呀"，爸爸却不能接受，颇为委屈："我是真心为彩民高兴，小奖也是好彩头嘛！"想想他说的也有道理：爸爸这种主持风格肯定很受欢迎，不然怎么会全香港人都称他"财神叔"，还给他起了"夏春秋"这个别名。"那是因为大家都觉得我是真心送祝贺，很暖人，就去掉四季里的'冬'字来唤我咯！"爸爸也喜欢这个名字。

没多久，劝不动爸爸的我，反而被爸爸劝动了。

初入行的我整天梦想演"玉女"和"公主"，谁知总被要求扮演被消遣挖苦而自毁形象的搞笑角色，演起来自然甚感委屈。结果导演就不满意了，骂我"没喜感""不会演戏"。这回，爸爸同样以同行的身份给我提建议："我的'哎呀'声，观众听得出是真心的，就很喜欢；你的不开心大家也看得到，自然不会被你逗笑，你也就剥夺了角色的喜感！如果不开心，怎么演得好丑角呢？"

爸爸给我上了我入行后最重要的一课：做事情一定要拿出诚意来，不然连"笑"都做不好！

喜欢"哎呀"的爸爸对我生活中的大悲与大喜几乎不做评论，完全不去影响或干涉我，是他让我学会了冷静自持，独立前行。

例如我与圈中前男友分手，在家哭得天昏地暗，就连在加拿大的表姐得知后都飞回香港来劝慰，而同住一栋楼的爸爸每天看到哭花了脸的我却不闻不问，即使开车和我一起去开工时也一路笑谈股票。回家后，见爸爸有条不紊地喝他的咖啡、看他的报纸，我终于忍不住嘀咕起来："你往日是藏不住事的，现在怎么不问我发生了什么？"爸爸抬头看了我一眼，回了一句让我哭笑不得的话："哦，报纸和杂志上都写着呀！"

第18届香港电影金像奖，我凭借《洪兴十三妹》赢得最佳女主角奖，在致感谢词时煽情地感谢了爸爸。下台后，我忙不迭地给他打电话报喜，还以为肉麻的致辞已让他感动得一塌糊涂，可他正和电视台的老友在外吃夜宵，只说了声"不错哦"。我奇怪极了：别人中奖他高兴得不行，女儿得奖他却像路人一样！直到从澳洲休假回香港碰到电视台的一位同事，他才对我说："你爸爸那晚真的很开心，请我们一人吃了一只顶级龙虾……"

摘自：《东西南北》2010

你的气质里，永远藏着你曾读过的书

很多人以为，只要会认字，就算会读书。他们觉得，看书好像就是在学习，好像在进步，觉得自己还不是一个非常堕落的人。

人生有很多个阶段，不同的阶段，看书搭配应有不同；而且不同的书，要采用不同的阅读方式。

其实，人的大脑，就像一个硬盘。它需要建立索引，然后再往里面放资料，但很多人没有先给硬盘分区，直接把吸收来的东西一股脑儿丢进去，以为反正容量大，结果不然，读得越多，脑子里反而越乱。

最终的结果就是，"今天听这个人说有道理，明天听那个人说也有道理，到最后就是没有自己的道理"。

"读什么书，就代表你是什么样的人；买什么书，就是给下一代指引什么方向。"马克思曾有句论断：人的本质不是单个人所固有的抽象物，在其现实性上，它是一切社会关系的总和。顺着这个逻辑粗糙地延伸一下：你就是你过去见过的人、经历过的事，以及读过的书的总和。

换句话说，You are your media（你就是你自己的媒体）。你过去看过了什么书，就在塑造什么样的你；你在读什么样的书，代表着你就是什么样的人。

一个喜欢读文学书籍的人，必定会对文学的世界充满想象力；一个喜欢读财经类书籍的人，必定有着经济人的思维。他们的谈吐、气质，都会有一些微妙的差别。而这种气质，也必定会在与别人的交流中散发出来，所谓的"胸有文墨怀若谷，腹有诗书气自华"，说的就是这个意思。

说的是啥意思呢？

家庭教育，对一个孩子的成长，至关重要。有的家长人生观、世界观、价值观三观本来就有缺陷，自己每天无所事事，浑浑噩噩在麻将桌上消磨时间，却要求孩子次次考试第一，事事都必须拔尖，成为人中龙凤、虎中大王。殊不知，"印随行为"几乎是所有哺乳动物的天性。

你安于现状，浑浑噩噩，孩子就难以有永不止步、奋发图强的品格；你天天抱着孩子打麻将，看肥皂剧，一年读不了几本书，就别指望孩子爱上书。

反过来——

你每天勤勤勉勉，兢兢业业，你孩子勤奋的概率就很高；

你天天走路看书，到家看书，出差也要带本书，你的孩子不爱上阅读都难。所以说，一个家庭里的小孩长成什么样，父母的书架就很关键。

回忆一下，我们每个人的成长过程中，是不是都会有那么几本从父母或其他长辈的书架上发现的书？这些书的目标读者可能并不是小孩子，很多人也读得懵懵懂懂，但它们却可能是一生中最令人记忆犹新的书，甚至可能会对一生的发展产生难以估量的影响。因为，很多时候，这就是我们的阅读启蒙啊。但很可悲的是，很多人宁愿要一个大电视，也不愿意买一个大书架。

别忘了，人生苦短，只有阅读才能使其变得美好而悠长，你的气质里，藏着你曾读过的书。

来源：天涯问答

我们都不够好

我在艺专时，爸爸送我超8毫米的胶片。那时我有很强烈的仿佛触电的感觉，那是我可以掌控、创作、投射的东西。我就是一个拍电影的人。一段时间以来，我以为，每秒24格是电影天堂的一个栏杆，跨过那个，好像就是出了天堂，不晓得要怎么办。可是因为拍《少年派的奇幻漂流》的关系，我觉得那就是不够，我越拍问题越多。我拍《少年派的奇幻漂流》时运气不错，蛮成功，但是也提心吊胆，我只敢用一点点3D，超过一点儿，问题就出来了。

所以，我不是要把天堂乐园的篱笆拆掉，我只是想把篱笆往外面再扩张一点。我开始追求高规格，但演员表演、打光、布景什么的都不对，当超过每秒60格时，就已经感觉不像电影，而是进入另一个境界。

我一点儿都不懂电脑技术，但我锲而不舍地一直追求最佳效果。旧电脑不能做，我们就设计新的电脑；没有放映机，我

51

们就用美国国防部看战斗机模拟飞行的工业用放映机来改装。在我开拍的前两周，才第一次看到每秒超过60格的样子。

其实3D也好、高格率也好，你得到的最好的东西是近景、特写。我们的人生最重要的事情是阅读彼此的脸，这个高规格阅读的方式跟我们的眼睛很像，你可以感受到一个人心中的感觉。演员眼睛里的神采、思想，观众都会感觉到。

观众体验故事的距离，导演可以有选择性，我要近的时候可以近，当然像是特朗普，我不会想要那么近地看他，那就调远一点，大概用每秒12格看比较好。

"你不够好！"

要使出浑身解数，才能带领大家往前走。我需要很长时间告诉剧组："你其实不够好。"这是蛮困难的事情。

"你不够好"，对美国人来讲，这话不太容易出口，但我还是讲了。尤其对每一组的头儿，我都很诚心地跟他们说："你不够好。"

你要发现错误，但如果你觉得自己很棒，那就发现不了错误，所以一定要谦卑。这蛮难的，如果一个人在一个行业做到那么好的时候，他不只是有信心、技术，他还有他的骄傲和地位。你跟一个在好莱坞做3D的说他这样不行，他会发脾气。这时候我就要去调和，要沟通，告诉他真相，伤害他，然后哄他。

我为什么不断创新？人过60岁还真的开始困惑了，简单讲就像麦当娜的歌《Like a Virgin》，我希望每次做的电影都像是第一次。

　　这可能是个性，我觉得真诚蛮重要的。我现在要是想假装什么，越来越容易，但我必须提高自己的门槛，才会感觉有些活力。当你开始发觉电影套路后，我希望连拍摄的方法都要改，我很想改。

　　当然讲故事还是很重要。可是除了这个之外，拍电影和看电影的感受，你讲什么内容和你怎么讲这个故事，同等重要。因为看电影是一种体验，不是看书、念公文，而是你怎么去体验它、怎么去感受它。

　　我是天秤座，最不喜欢做决定，但我在拍电影时要做很多决定。我不希望把它当成赌博，赌博输了会很后悔，但做了一个决定后，不管成功或失败，都要很甘愿、觉得很值得，因为是我自己决定要这样做的。

　　做决定时，你不要想对错、获利或损失，做决定是对你性格的考验。你是什么样的人，你怎样承担后果，你都需要想清楚。想清楚以后，那个决定就理所当然了。

　　大家看到的都是我风光的一面，当然我也想表现风光的一面，尤其是在台上时，因为我发觉这不仅能给大家很多鼓励，也能给社会带来正面能量。事实上，我经历过很多失败，脆弱是我的本质。小时候我非常瘦弱，初一时我的身高大概是1.30米，高中才长到1.60米。我也容易害怕，碰到什么事都想哭。一年级时，我每天至少要哭一次。看电影如果是哭戏，我会哭到整个影院的人都在笑着说："你看，那个小朋友哭得好好玩！"而我还是停不住地抽泣。

我刚到美国时很害怕，比刚进台南的小学时还害怕，因为语言不通。但我从小就看美国电影，所以又很崇拜他们。当然电影里很多都是假的，但我们不晓得，以为美国人就是那样，所以到了美国，一看到白人是既兴奋又新鲜，好像走进布景里一样。记得有一次放学，看见他们玩美式足球，男人又敏捷又强壮，女人又漂亮又性感，就觉得很自卑，感觉他们又聪明又优秀，看了之后觉得很沮丧。

不过，我很勇敢地面对我的脆弱。我尽量训练自己，不要那么怕。我不在乎把它展示出来，从事艺术的我有这种真诚。我因为自己脆弱，所以很能同情别人的脆弱。而戏剧是检验人性、哪壶不开提哪壶的艺术，强的东西不太容易动人，你脆弱时，大家就会替你着急、帮你演戏，而这时是最动人的。就这样一直拍到我的第9部片子《断背山》，才觉得其实我还蛮不错的，一下子就可以把事情处理掉，还挺会拍片。

我发呆的时间很多，但我不鼓励年轻人发呆。很多人发呆也没有搞出什么名堂来，怎么交代？你没有做事，又没有做事的基础，生活不知道该怎么办，真的很糟糕。

我希望别人介绍我时，说我是一个电影工作者。

我希望我永远是电影系的学生，世界就是我的学校。

来源：《学生阅读世界（初中生）》2017年第7期

做一个快乐的木匠

　　如果我有两条命，我一定拿一条命做一个快乐的木匠。

　　听到这个，你会吃惊吗？你一定不明白当木匠是件多么幸福的事情。

　　那一天的午后，我在靖港保健街上，看见于爹一摇一摇，像只公鸭子往前面猛赶，旁边打铁的、卖药的、卖茶叶的，还有姚记的坛子菜，都在和他打招呼，他还使劲往前走，谁都不想理了。看见于爹这么自在，我来了兴致，说："于爹，等下，我要和你去做木盆。"于爹半眯着眼睛，速度一点没减，说："莫来，莫来，我要困觉。"

　　这个木匠很会享受啊，我决定去查验一下。从保健街往西走一点儿，不用过那个石拱桥就到了。我偷偷靠近他的铺子，看到他真的困了，靠在竹躺椅上，把扇子扔在一边，木器店的门半掩着，午后的阳光晒进铺子里有两尺，都堆在刨花上，还有小虫子在里面飞舞，他就在阳光边睡得很舒服。那些工具随手散落着，他可以随手把它们拾起来。

我不是木匠！这个事实让我别扭起来，我甚至都有点开始嫉妒了，我挤不进于爹的时间，他的时间只属于他自己，不属于我。

想实现当木匠的愿望，我必须要耐心点。等阳光漏进窗子只有三寸的时候，他终于醒了，对我说："崽伢子，你进来咯。"他算是我的师傅吧，我得靠他才能过一点点的木匠瘾。我们终于要开始干活了，这时候天气还燥热得很，于爹的头顶上有一个铁吊扇，连漆都没有。他就打开电扇，这电扇其实很老，一直转了二十年，这是作坊里唯一的电器了。于爹说这是飞行牌的，广州生产的，非常好，让人凉快，刨花也吹不起，所以就一直没有舍得换。于是，我和他一起劈木头，刨板子，弄出一大堆板子。第二天，我们要把它箍成木盆。

有人打电话要来找我，我也说："莫来，我要做木匠。"

做主持啦，接受访问啦，这些我统统都不记得了，现在的我就是个木匠，别的我都不太愿意记得，谁也打搅不了一个木匠的幸福，可见做木匠是一件很好的事情。

摘自：汪涵《有味》

茄汁蟹味菇与秋天的秘密

这是一个奇怪的组合。

看起来大概只有十岁却故作一脸成熟的小女孩和明明二十几岁了脸上却还带着稚气的男人。

"不好意思,现在已经……"京屿"打烊"两个字还没说出口,男人抢先一步走到小吧台前,语速极快地向京屿请求道:"拜托,我们已经跑了六家店了。"

京屿的心软了:"想吃什么?"

"茄汁蟹味菇。"始终安静地跟在男人身后的小女孩脱口而出。

要做这道菜并不难。蟹味菇洗过后在网架上搭着沥干水分,番茄在火上烤过去皮再耐心地切成丁,京屿利落地做完这些,等着油锅慢慢烧热,目光瞥见两人已经在靠近角落的壁灯下坐下来。

番茄丁倒进油锅里，发出"刺啦"一声。女孩听到了，脸上显出一点难得开心的神情。

番茄被炒出了汁水，京屿把沥干水的蟹味菇放进去，咕嘟着的茄汁和蟹味菇慢慢地融合，最后只要再放一点儿盐就可以出锅了。

就着茄汁蟹味菇，看起来瘦瘦小小的女孩吃下了满满两碗饭。

"像妈妈做的吗？"

"妈妈喜欢再放一点儿青椒。"

"那我们下次让姐姐放一点儿青椒好了。"

"嗯。"两人很郑重其事地点点头，仿佛在商洽什么大事。京屿看到这一幕，忍俊不禁，可能是女孩的舅舅或者其他什么亲戚，在替忙碌的妈妈照顾孩子吧。

他们付过钱，认真地感谢了京屿，就一前一后离开了。

隔了两天，还是快打烊时，那男人又来了，不过京屿并没有看到那个小女孩。

"今天有茄汁蟹味菇吗？"

"放一点儿青椒？"

没想到京屿会这么问，男人怔了一下，点点头："给我打包带走吧。"

"帮忙带小朋友辛苦吗？"京屿微笑着问道。

"啊……不。"男人一只手抵在额头上摇了摇，然后沉默片刻。末了，他忽然问道："你有没有过什么秘密？"

男人从口袋里掏出一本小小的证件放在小吧台上。

他是个警察，很年轻的一个警察。

大概半个月前，岛外高速路上出了一起连环车祸，有四个人因此丧命。其中一个就是那孩子的妈妈，身份信息上有她的地址。

跑一趟也不算远，但他没料到自己会面临的情况——所谓的家属就只有那个刚满十岁的小女孩，那张仰起的小小的脸庞，令他无论如何也无法开口，甚至撒谎说自己是妈妈的同事，受了妈妈的嘱托顺路来探望她。

"妈妈没有提起过她的同事。"小女孩有些警惕地望着他。

"喏，这是你妈妈给我的。"他的手伸进口袋里，错开原本准备拿出来的证件，而是抓起了她妈妈口袋里的一个小小的荷包，让他感到庆幸的是，荷包上没有沾到血。

"这是我给妈妈做的。"她立刻相信了他。

"可是……后事的话……"京屿轻声问道。

"是找了她们很远房的亲戚料理的，不过对方并无意再收养一个孩子……"男人轻轻地舒出一口气来，"到现在我也不知道该怎么把这件事告诉她……我向来不擅长和小朋友打交道。"

为此，他每隔两天就要登岛一次，鼓起的勇气总会在面对那个孩子时消失。他一直在假扮着她妈妈的同事的角色，甚至被微笑着问过"叔叔是不是喜欢上我妈妈了"。不过她也会有忐忑和不安："妈妈说大概三天就可以忙完回来了。"

"可是……不可能永远不告诉她呀。"京屿把打包好的茄汁蟹味菇递过去。

"秋天就快要过去了啊。"男人说着，深深地吐了一口气，像下定决心一般，"我会在秋天结束之前告诉她。"

摘自：《意林》2017 年 23 期

网 开 一 面

　　卡尔是一个非常优秀的登山运动员。有一次，他和同伴们一起去登山，结果一不小心，他掉进了一个很深很深的坑洞里。不幸和幸运随着他落到洞底而同时降临在了他身上。不幸的是，他的右手和双腿都摔断了；幸运的是，他还没死，并且还有一只左手能活动，嘴巴也还能说话。

　　卡尔开始设法往上爬，虽然双腿和右手都不能动了，但他还有一只左手，而且牙齿也可以咬，于是他用左手抓住岩石，用牙齿咬紧一些小树根，就这样一点儿一点儿往上爬。洞外的人看不清洞里的情况，只能大声为他喊加油。等同伴们能看见他时，才发现他的处境是多么糟糕和危险。"这样也能爬吗？他会不会在最后关头再次摔下去？"一个同伴说。

　　"我担心的是，万一有一棵小树根无法支撑他的身体，那该怎么办呢？"另一个同伴说。"如果他再摔下去会怎么样呢？可能脑袋会摔碎！""上帝，那他的母亲和妻子可如何是好呢？还有他的孩子，要知道，他的孩子才四岁……"更多的同伴们这样七嘴八舌地议论开了。

刚开始，卡尔并没有在意这些话，可他越听越烦躁，越听越气愤，自己正在努力求生，他们却在讨论自己死后的事情。最后，卡尔终于忍无可忍了，他对着洞口大声喊道："你们都给我闭嘴……"可就在卡尔张口骂人的一刹那，他再度落入了深洞中。这一次，他不仅连左手也摔断了，而且脑袋还撞到了一个大石头，当场就丧失了生命。

卡尔死后，见到了上帝，他问上帝说："上帝，我是多么坚强的人，我摔断了双腿和一只右手，但我仍旧凭着嘴巴和左手往上爬，你为什么不网开一面让我活下去呢？你为什么不让我避免厄运呢？"

上帝摇摇头说："亲爱的卡尔，我已经给你网开一面了，所以我给你留了一只左手和一个嘴巴，让你往上爬，但是你过于在意别人的议论，如果你不要理会别人的是非对错，那么你是一定能爬出去的。"

摘自：《思维与智慧》2017 年 10 期

第三章

梦的远方　温暖为上

与内心对话，成为你想成为的人

我希望躺到手术台上，胸被打开让别人看。

我的好，我的坏，我的另类，我的虚荣，我的自私，你们都可以拿去看。

我们都是一样的人，只是经历不一样，我的怨恨，我的骄傲，我的不真实，我想要的伟大，都可以拿出来跟你们分享。

有一年夏天，有一天大姨买了西瓜回来，我们照例把西瓜放进了水井，之后坐在井边的凉板上，等待被井水浸得透心凉的冰西瓜。

但是舅舅的出现改变了这样一个平常得不能再平常的傍晚，让我一辈子都记住了，那个充满了热气，期待着西瓜的傍晚，记住了石缝中流出水的声音。因为，那一天，爸爸和妈妈离婚了。

离婚在我们那个地方是比较少见的。小朋友因此不带我玩儿，欺负我。于是我心里很自卑。

我小时候，是希望有一个人站出来帮帮我的。但是没有，一个也没有。于是我希望自己变得强大。

因为我从小是被欺负大的，对弱者，我有一种天生想要去帮他的情愫，就好像我在帮小时候的自己。我小时候特别想成为超人，我觉得，当有些人需要我的时候我就出现，是一件特别伟大的事情。

小姨的男朋友去找了一辆旧车，36000 元，那个钱全部是我们的钱。我妈、我继父借钱凑到的。结果买的是辆破车，买过来便开始修，我们本来的梦想是借了钱开始挣钱，结果老修老修。从那以后我们家就一落千丈。在我们家反目的时候，妈妈到菜市场捡那些烂菜，她掉头发，她半夜在房间里哭。

有一段时间，大弟弟跟着我的爸爸和继母生活。那时候他才 10 岁，我爸爸开一个修理厂，一个 10 岁的孩子起来巡夜，你可以想象吗？就跟我儿子现在一样大。他住的地方有一部公用电话，平时有人打电话，他可以收一点儿钱。一年春节，弟弟从修理厂走了 3 站地来到妈妈家，不舍得坐公共汽车。一进家里，他掏出一些零零碎碎的钱给妈妈说："妈妈，给哥哥跟小弟买肉吃。"

在重庆读职业高中，我一边读书一边打工，好不容易找到一个在夜总会当服务员的工作。特别羡慕在台上唱歌的人，唱几首歌就走，收入又高，时间又短，还不影响学习，我想学唱歌，但没有钱。

19岁那年，我报考东方歌舞团，结果考上了。到北京住单位宿舍，我很满足。很喜欢北京，经常一个人在胡同里乱窜，我特别能走，可以从东三环走到颐和园。有一天晚上，我一个人在长安街上走，看到高楼大厦里的万家灯火，心里突然涌上一个强烈的念头，一定有一天，有一扇窗是我的。

第二年，一个跳舞的同事叫我陪他去考北京电影学院。我只是陪他去。当时那个同事非要让我也报名，我说我不感兴趣，并且还要交几十元的报名费太不划算了。他说他借给我报名费。接到北京电影学院录取通知书，第一眼看到的是8000元学费，我找朋友介绍到夜总会去唱歌，拼命去唱，临近报到前几天，还是没攒够。一个朋友的朋友无意中听说了这件事，主动借给我3000元，还说不用挂在心上。我永远记着这个朋友。这种仗义的气度，很深地影响了我。

到了大三，我慢慢接了一些广告，有了一点儿收入，终于有钱在北京租房子。这个租来的空间就是我的王国，我在那里发呆、看碟、打坐。经常在家里蹲在地上擦地，我有一些小洁癖，希望我拥有的第一个租来的房子每一个角落都是干净的。没戏拍的时候总在那里宅着，我哪儿也不去。

大学时代，生活压力很重，每天晚上都去唱歌，总是缺觉，加上营养不良，我看起来总是病恹恹的。有一年，许云帆回东北老家，回来的时候，很不经意地扔给我一个袋子，表情很冷静，"坤，给你的！我爸爸说这个好，我拿过来给你"。我打开一看，是一支细细的人参。现在那支人参还在我家里，已经10多年了。

我把从欧洲回来省下的 5000 元钱塞给了大弟弟："你要存一部分。万一妈妈的生活费用完了，这个钱可以应急。另外你现在交朋友了，给自己买点衣服。"

很多年后我才知道，弟弟一直存着那笔钱，一分都舍不得花。这就是我弟弟。

那时候很拧巴，明明负担很重，却不愿意告诉同学，还故意装出一副很高傲的样子，实际上我心里非常脆弱、自卑。

有个牛肉拌饭，8 元钱一份，我很爱吃，就是蹭。我蹭饭的方式还蛮骄傲的，并不是讨饭吃的感觉，总是跟同学说：你请我吃，我下次请你啊。但我的下一次老是遥遥无期。后两年好点了，我记得特别清楚，早上起来，叫上几个要好的朋友，他们都不知道为什么，我说："我请你们吃牛肉拌饭。"

我们班史光辉有一次请我们几个同学去吃铜锅涮肉，那是我第一次吃涮肉，这么好吃！但是我觉得总吃人家的不好意思，明明觉得涮肉好吃，却不怎么动筷子，忙着跟人家讲话。史光辉三杯酒下肚，"啪"的一下把筷子一拍，说："陈坤！你必须把这一盘肉全部给我吃了！你要敢想其他的，我饶不了你！"

我上大学时很少早退，特别记得的一次早退，是因为赵宝刚导演拍《永不瞑目》的时候来我们学校选角。

我想，这么好的事怎么能轮到我呢？所以我走了。

《像雾像雨又像风》是赵宝刚导演找我演的。

当时其他人都觉得我演不了陈子坤，但是宝刚导演相信我。所以哥们儿命还是挺好的，总是在路上遇见贵人。宝刚导演说话带刺儿，有一次说："你啊，你只能演这种小修表匠什么的，少爷演不了！"当时刺激了我一下。

我演陈子坤的时候，有一次穿少爷的西服，宝刚导演开着玩笑说："你看你哪像少爷，你看陆毅，多有贵气！"我就咬紧牙在那儿说："你等着！"

拍《像雾像雨又像风》我拿了9万元钱！

第二天就去邮局给妈妈寄了4万元。那个时候家里欠了一万多的债。剩下的5万多元交了出国的押金。留了1万元给自己作为生活费。

我从小就想当设计师，有一个朋友住在法兰克福，进法兰克福机场的时候我就非常犯贱，机场里到处飘着奶酪和很香的面包味，我就使劲去闻那个香味。我在那边非常节约，吃个冰激凌会考虑吃一个球还是两个球。"紧着花"这个过程让我觉得很快乐。我去了北欧的那所设计学院。

那个学校，我非常爱，那是我梦寐以求读书的地方。可是我到那里的第一刻就知道了，我根本不可能在那里读书！生活费很贵，而且不允许学生打工。后来我终于面对现实，我不可能读的，因为我支付不起学费。回到北京，我在朋友面前还假装很开心的样子，只当去欧洲旅行了一趟。没有人知道，我的心里其实很难过。

好像是一夜之间，大家都认识我了。原来因为"非典"的缘故，所有人待在家里不出门，电视台都在放《金粉世家》……

于是给母亲买了一套大的公寓，给自己也买了一套公寓，弟弟结婚再买一套房子。

这样的物质实现带给我的冲击无比巨大。我有点晕眩，同时也隐隐地焦虑。我常常在想：要接哪部戏能让我更红，赚更多的钱。欲望占据了大脑，但那时，我并没有意识到。

我十几岁的时候是有计划的：以后要分期付款买个房子，努力工作去还款，要去旅行，去吃好吃的，吃涮羊肉。

突如其来的财富和名声打乱了我从记事以来对人生的计划，而且它们强大到足以消灭我作为一个普通人自我进取的希望和快乐。

塞翁失马，焉知非福。我害怕好事，一遇到好事我就紧张。我的职业是突如其来的暴发户。

从 2003 年到 2006 年，我的内心一直恐慌不定，每次离开家的时候特别恐慌。我觉得现在拥有的一切都不属于自己！有一天我开车在路上，突然觉得特别害怕。那天回到家，第一件事就是把我所有的银行卡交给我的家人，把卡的密码告诉他们，怕自己有一天会突然死掉。

2007 年，我开始寻找一个方法，让我放松和平静下来的方法。也许有的人会欺骗自己，告诉自己说"我很厉害，这一切本该属于我"，我做不到。我不能假扮我比别人强，所以这些东西就是我的。2008 年，某一天，我豁然开朗，心里生出了一个强大的信念：我的生命中不光有我的家人需要照顾，还有更多需要帮助的人，帮助他们的生活远离痛苦，帮助他们的心态远离灰暗。这才是我未来真正要去努力的方向。拿到了名和利，你多做好事不就行了吗？做对得起你心灵的事情。

男人好看，年轻的时候是敲门砖，在演艺圈、在生活当中都是这样。人天生会选择一个好看的人在一起。我现在应该保持更美貌的一个形象。要真的让我发胖到特别厉害，我有点舍不得了。虽然在戴有色眼镜世俗的判断里面，男演员长得漂亮就没有演技。要不要为了证明在这个职业里面是实力派，比偶像派高，我就把自己弄得很胖很丑，曾经困扰过我几年。

我成名不久，有一次参加一个国际电影节，在后台遇见一个很有地位的女演员。我上去很有礼貌地说："你好，我是陈坤，很高兴认识你。"那个女演员缓缓地转身，轻描淡写地瞟了我一眼，冷冷地"哼"了一下。我笑了笑没说话，面不改色地往前走，其实心里已经翻了好几遍。

我有一个不太好的毛病叫"记恨"，那件事让我记恨了很多年。那种刻骨铭心的憎恨和愤怒一直憋在我心里，化成一种动力，催促我不断地强大。

几年后，我突然发现理解了那个女演员。也许在她心里，我是一个靠脸蛋成名的空架子。到今天为止，假如一个没实力但人气很旺的明星，在我面前"嘚瑟"，我依然很不给面子。如果对方发愤图强，也未尝不是一件好事。

我很喜欢挖掘人身上的闪光点，李宇春身上就有。

拍《龙门飞甲》，她一来就拍沙漠的戏，很冷很苦，这孩子一句话不说，认认真真地拍。那一刻我就知道了，这还真不是一个不珍惜机会的人。有一天我们拍大场面，宇春晕倒了，起来的时候，也是很酷地说："我没事！"

在明星的光环下，我想，最大的考验就是荣辱。

明星就像天上的星星，正因为够不到，所以每一个人都好奇，每一个人都想摘。他们怎么也不相信，其实我就是一颗石头。

有一天，我在外面谈事情，一个不认识的人走过来想和我拍照，我客气地说"现在不方便"。那个人一转身，嘟囔了一句："哼！不就是个戏子吗？牛什么牛！"我站起来冲他喊："你说什么？"但那个人没有回头。有很长一段时间，我是跟"戏子"这两个字过不去的。

为了对抗这个有侮辱性的称谓，我拼命地看书、学习。后来我尝试着去思考，我反应为什么那么激烈，是不是因为我不够强大，当我强大的时候，我就能承受任何人对我的侮辱谩骂。同时我也看清了，对方骂你，正是他内心自卑的表现，当他不能战胜你时，就用赤裸裸的、刻意强加在你身上的东西挫伤你。

我用了 10 年的时间和演戏这件事"和解"。

拍完《画皮》之后 8 个月，我把自己关在家里，认真思考和反省。我忽然发现，我从来就没有热爱过表演。同时我脑中再次跳出这句话：命运既然把我带到了这条轨道上，我应该去接受它。我出道以来，一直在演主角，从未体会过配角的状态。我要去尝试，去探究。《让子弹飞》里的角色是我"争取"到的。有一天我问姜文："我这样的偶像演员你敢用吗？"把姜文吓了一跳："这么小的角色你来吗？"

小时候面对媒体开不得玩笑，特别尖锐，那是一种貌似强悍的自我保护。现在会主动讲自己的缺点。比如人家问我："跟个子高的女演员拍戏，怎么办？""踮脚跟呗。"

2010 年，我成立自己的工作室"东申童画"。从那一天起，我从男孩变成一个男人。有一天我发现了，我长大了，强大到可以保护自己。然后我发现，我成为小时候希望出现的保护我的那个人。

有一次，我们去香港给徐克的太太过生日，很多业内资深人士都到了，我能看出他们对老爷（徐克）的尊敬。我知道，这需要岁月来积累。那一天周迅也去了，我和小迅说："我们老了以后也要这样。"

很多人都告诉我，生活应该怎么过，抽什么牌子的雪茄，喝什么牌子的香槟和红酒，我听不进去。我觉得，有这个必要吗，花一千元喝一瓶香槟，花一万元买一瓶红酒，疯了吧？也许在一些"贵族"阶层看来我是个没有品位的人，洗澡的时候还是会随手关水，走到另一个房间还是会随手关灯，没有吃完的东西还是会打包回去。

我曾经以为，这种"节约"的观念是因为过去贫穷的缘故，或者 20 世纪 70 年代出生的人大多有一种忧患意识，但直到开始在西藏行走，不断观察自己，才明白，在更高的意义上，这是一种潜意识里的自我约束行为。

走到今天，我才真正认清了明星的本质，也认清了名利的虚妄。既然我现在拥有这个"光环"，不如用它去成就一些好的事情。

"行走的力量"2011 年首次做，花了 10 个月。这次我又一年没拍戏，全部时间在做。这个抽象的东西很慢，我都有点着急了。这次行走的过程里，我在思索行走这个方式是不是适合这个时代，或者当下社会。我在想，是不是应该拍戏多赚一点儿钱，让我更有名一点儿，有可能我上杂志了，更有影响力的时候，再来推广"行走的力量"。但是最后我发现，可以同时做，因为我是个贪婪的人。

我很好胜，但不是说我要拿第一名，而是我要认可我自己。我不服的不是输，是明明我能做到，但我没有坚持做到。

以前三里屯有一个老董，酒馆里的一个台湾人，会算紫微斗数。那时候我还很小，二兮兮地跑过去算，他算了一个星期，送我 4 个字：破屋重筑。破烂的屋重筑。你想想这 4 个字，太像我了。

摘自：《文苑》2015

莽 撞 汉

我不是有意参与这件事的。我是一个谨小慎微的人。提这件事，我并不感到羞愧。说我害怕、糊涂都行，我真的不知如何是好。现在，我唯一能做的事是等待，等待着电话或门铃响，等待着弄清楚到底他是谁。

我至今仍然不明白，我怎么会陷入如此尴尬的困境之中。真的，这并不是由于我有什么过错。这件事，每个人都可能碰到⋯⋯

事情得从今天上午说起——全怪天气总是下雨。如果不下雨，我必定会像平日那样，上柴士德饭店吃午饭。从我的办公室到柴士德饭店，要走好远一段路。因此，我只好穿上雨衣，就近到街对面那家彼尔莉饭店。彼尔莉饭店是高级饭店，价格昂贵，我没有那么多钱经常上那儿吃饭。

好了，闲话少说。我把雨衣寄存在饭店大厅外头的衣帽间里，随着侍者走到一张桌子边，订了一份小酌。我喝了两杯酒，这就是我真正的过错。我想，就因为这酒，影响到后来所发生的一切。一喝酒，我就显得比平时更自由自在，更勇敢了。

我快吃完午餐时，见到了她。她是一位在一家非常时髦的杂志社工作的姑娘，戴着一顶漂亮的帽子，长长的白手套。她的容貌真让人一见倾心，头发金黄浓密，脸如玉石雕成，衣服华丽昂贵。她径直朝我走来，迷人地微笑着。"Hello！"她热情地招呼道，"你近来在哪儿？"

我看看身后，除了墙壁，什么人也没有啊，她是在向我打招呼！我连忙站起来。

"Hello！"我答道。她近看显得更漂亮了。

我挪过一只椅子给她。她坐了下来。

"我只能待一会儿。"她说，"但是见到你，真太高兴了！"她拉着我的手，紧紧握在她的微凉的白手套之间。

我过去从来没有见过她。本来，我应该马上跟她说，她认错了人。但是，我不可能每天都遇到像她这样漂亮的姑娘呀！我也紧紧握着她的手。

"彼得同我一块来的。"她说，微笑着。

我抬头一看，果然，有一个小伙子正站在她身后。

"彼得，"她说，"你还记得杰米吗？"

我大吃一惊。真奇怪，她怎么会知道呢？虽然我名叫查理士，但在许多年以前，学校里有些同学的确把我叫杰米。

"当然，当然记得！"小伙子说，"你好吗，杰米？"他像老朋友一样把手伸给我，我只好握一下。我一点儿也不喜欢他。他穿着灰色的衬衫，个子高大，但某些方面不和谐。他太英俊，衬衫料子太好，可头发太短，领带太宽，又结得太松了。

"Hello！"我敷衍地答道。

他往桌旁靠了靠。"很抱歉！我们不得不走了，爱丽思！"他对那姑娘说道，然后转向我，"我得赶快回沃尔德佛旅馆收拾行李，今天晚上，我们将动身前往西部。"

这话意味着他想炫耀些什么。本来，他不见得一定要告诉我他住得起沃尔德佛这么高贵的地方，只需说一声"旅馆"就行了。

我站了起来，"啊，见到你们两位太高兴了！"我拔腿就走。但当我离开桌子往门口走时，我发现我仍然同他们走在一起，彼得还把他的手搁在我的肩上。

"这段时间你都在哪儿，杰米？"

"哦，到处混混。"酒力开始消退了。

现在，我想的只是在他们还没有认出我不是杰米之前，赶紧走掉。无论如何，我并不是他们的杰米呀！我从口袋里掏出取雨衣的寄存卡。

"来，我一起去取吧。"我来不及谢绝，他便从我手上把寄存卡拿走了。他去取雨衣时，我就同爱丽思站在一旁等候。我亲眼看到他把寄存卡交给了衣帽间那个值班的姑娘。

"我想，要是我们现在不分手，那多好！"爱丽思说道。

"我也这么想。"我浑身飘飘然地朝她微笑着。这时候，彼得拿着我简朴的雨衣和他自己昂贵的大衣回来了。他本想帮我把雨衣穿上，但我不敢当，只把它接过来挂在臂上。

"再见！"我说，"见到你们，真高兴！"

走到门外，雨已停了，因此我一直把雨衣挂在臂上。走回办公室，把它挂在门旁。直到下午六点，我下班要回家时，才把雨衣穿上。走下楼梯一半，我发现雨衣口袋里有一小捆东西。原来是一个长长的信封，里面厚厚的，好像塞满了纸。我拿出来，看了看，上面没写名字，真奇怪，不知从哪儿来的。我想，大概没什么秘密吧，便拆开，往里一瞧。

啊，我差点儿当场晕倒。这不是纸——是钱，连数两遍，一共两千三百六十五元！

我立即做出决定。我记得雨衣是彼得替我到衣帽间领回来的。我不知道他们想干些什么。为什么把那么多钱塞在我的雨衣口袋里呢？我不允许他们跟我开任何玩笑。我马上赶到沃尔德佛旅馆去。

寻找他们的房间，花了好些时间。我只知道他们的名字，却不知道姓什么。我只好向旅馆的人详细地描绘了他们的容貌。我真担心他们已经走了。幸好我走进房间时，他们都还在。彼得正在收拾一些衬衫。他抬起头来，一看是我，便微笑着。

"呵，看谁来了"，他说，"Hello，杰米！"

　　这回，我没有用微笑回敬他。"我不知道你想干什么？"我说，"我也不想知道。问题是你们认错了人，我这辈子过去从来没有见过你们当中任何一位。拿去！"我把那个信封扔到床上。

　　他连看也不看它一眼，只是站在那儿，脸上的笑容凝固了，目不转睛地瞪着我，两个大拳头垂在两旁。他比我强壮、高大得多。

　　来源：《新世纪文学选刊（上半月）》2009 年第 4 期

何 为 朋 友

朋友是五伦之外的一种人际关系，一定要求朋友共生共死的心态，是因为没有界定清楚这个名词的含意。

朋友的好处，在于可以自由选择。

有的，随缘而来。

有的，化缘而来。

更有趣的是，朋友来了还可以过，散了说不定永远不会再聚。如果不是如此，谁又敢交朋友呢？

不要自以为朋友很多是福气。福气如果得自朋友，那么自己算什么？

一刹知心的朋友，最贵在于短暂，拖长了，那份契合总有枝节。

朋友还是必须分类的——例如图书，一架一架混不得。过分混杂，匆忙中急着去找，往往找错类别。

　　友情也是一种神秘的情，来无影、去无踪，友情再深厚，缘分尽了，就成陌路。

　　对于认识的人——所谓朋友，实在不必过分谨严。心事随心，心不答应情不深，情不深，见面也很可能是一场好时光。

　　朋友再亲密，分寸不可差失，自以为熟，结果反生隔离。

　　朋友之义，难在义字千变万化。

　　朋友绝对落时空，儿时玩伴一旦阔别，再见时，情感只是一种回忆中的承诺，见面除了话当年之外，再说什么就都难了。

　　朋友无涉利害最是安全，一旦涉及利害，相辅相成的可能性极为微小，对克成仇的例子，比比皆是。

　　朋友之间，相求小事，顺水人情，理当成全。过分要求，得寸进尺，是存心丧失朋友最快的捷径。

　　雪中送炭，贵在真送炭，而不只是语言劝慰。炭不贵，给的人可真是不多。心意也是贵的，这一份情，最能意会。

　　认朋友，急不来，急来的朋友急去得也快。

　　筛朋友，慢不得，同流合污没有回头路。

　　为朋友，两肋插刀之前，三思而后行。

　　交朋友，贵在眼慈，横看成岭侧成峰，总是个好家伙。

　　小疵人人有，这个有，那个还不是也有，自己难道没有？

　　即使结盟好友，时常动用，总也不该。偶尔为之，除非不得已。

　　与任何人结盟，都是累的，这个结，不如不去打。

意气之交，虽是真诚，总也失之太急。

友情不可费力经营，这一来，就成生意。

生意风险艰辛大，又何必用到朋友这等小事上去？

关心朋友不可过分，那是母亲的专职。不要做"朋友的母亲"，弄混了界限。

批评朋友，除非识人知性，不然，不如不说。

强占友谊，最是不聪明。雪泥鸿爪，碰着当成一场欢喜。一旦失去朋友，最豁达的想法莫如——本来谁也不是谁的。

呼朋引伴，要看自己本钱。招蜂引蝶，甜蜜必然不够用。

重承诺，重在衡量自己能力。

拒说情，拒在眼底公平。

讲义气，讲在不求一丝回报。

说风情，说时最好保留三分。

知交零落实是人生常态，能够偶尔话起，而心中仍然温柔，就是好朋友。

两性朋友关系一旦转化爱情，最是两全其美。

两性之间，一生纯净友谊，绝对可能。

只怕变质消失的原因，不在双方本人，而在双方配偶难以明白。

交朋友，不可能没有条件。没有条件的朋友，不叫朋友，那叫手足了。

情深如海对朋友——不难。不难，在于没有共同穿衣、吃饭、数钱和睡觉。

跟自己做朋友最是可靠，死缠烂打总是自己人。

沧海一粟敢与天地去认朋友，才是——谁与我逝兮，吾与从，渺渺茫茫，归彼大荒。

摘自：三毛《随想》

聪明人和傻子和奴才

奴才总不过是寻人诉苦。只要这样，也只能这样。有一日，他遇到一个聪明人。

"先生！"他悲哀地说，眼泪联成一线，就从眼角上直流下来。"你知道的。我所过的简直不是人的生活。吃的是一天未必有一餐，这一餐又不过是高粱皮，连猪狗都不要吃的，尚且只有一小碗……"

"这实在令人同情。"聪明人也惨然说。

"可不是么！"他高兴了。"可是做工是昼夜无休息：清早担水晚烧饭，上午跑街夜磨面，晴洗衣裳雨张伞，冬烧汽炉夏打扇。半夜要煨银耳，侍候主人要钱；头钱从来没分，有时还挨皮鞭……"

"唉……"聪明人叹息着，眼圈有些发红，似乎要下泪。

"先生！我这样是敷衍不下去的。我总得另外想办法。

可是什么办法呢？”

“我想，你总会好起来……”

“是么？但愿如此。可是我对先生诉了冤苦，又得到你的同情和慰安，已经舒坦得不少了。可见天理没有灭绝……”

但是，不几日，他又不平起来了，仍然寻人去诉苦。

“先生！”他流着眼泪说，“你知道的。我住的简直比猪窝还不如。主人并不将我当人；他对他的叭儿狗还要好到几万倍……”

“混账！”那人大叫起来，使他吃惊了。那人是一个傻子。

“先生，我住的只是一间破小屋，又湿，又阴，满是臭虫，睡下去就咬得真可以。秽气冲着鼻子，四面又没有一个窗子……”

“你不会要你的主人开一个窗的么？”

“这怎么行？”

“那么，你带我去看去！”

傻子跟奴才到他屋外，动手就砸那泥墙。

“先生！你干什么？”他大惊地说。

“我给你打开一个窗洞来。”

“这不行！主人要骂的！”

“管他呢！”他仍然砸。

“来人呀！强盗在毁咱们的屋子了！快来呀！迟一点可要打出窟窿来了……”他哭嚷着，在地上团团地打滚。

一群奴才都出来，将傻子赶走。

听到了喊声，慢慢地最后出来的是主人。

"有强盗要来毁咱们的屋子，我首先叫喊起来，大家一同把他赶走了。"他恭敬而得胜地说。

"你不错。"主人这样夸奖他。

这一天就来了许多慰问的人，聪明人也在内。

"先生。这回因为我有功，主人夸奖了我了。你先前说我总会好起来，实在是有先见之明。"他大有希望似的高兴地说。

"可不是么……"聪明人也代为高兴似的回答他。

摘自：《鲁迅全集》

你有没有尝试过认真地看一棵树?

伍尔夫曾在她的书中写道:"真是奇怪,她想,为什么人在独处时就会偏爱没有生命的东西,比如树啦、河流啦、花朵啦;感到它们表达了自己;感到它们变成了自己;感到它们懂得了自己,或者其实它们就是自己;于是便感到这样一种不可理喻的柔情,就好像在怜惜自己。"

在很多电影里,树的存在就带来了这样的感觉,温柔又坚韧。

《傲慢与偏见》中的伊丽莎白,她独自一个人阅读、思考、哭泣……陪伴在身边的,是一棵树;《怦然心动》中的小女孩朱丽,也常常爬上梧桐树看风景,想着那个不愿接近自己的男孩;《阿甘正传》中的阿甘和珍妮也拥有一棵树。"她教我爬树,我教她倒挂。"他们一起在树上度过了那么多时光……

《我的野蛮女友》中,明熙和牵牛把彼此的告白埋在树下;

《肖申克的救赎》中，瑞德终于出狱，在橡树底下找到了狱中好友安迪给他的信，那是他自由生活的开始；《海街日记》中，四姐妹庭院的梅树结果了，她们坐在树下的长廊上酿梅酒，长姊说："这棵树还是姥姥种下的，55年啦。"《女朋友·男朋友》中，三个好友常常一起坐在树下，那是最青春的时光，暗流涌动；《魔术师》中，贫穷的男孩在大树底下遇到了年迈的大魔术师。"孩子，我给你变个魔术。"这个魔术改变了男孩的一生。

树被人们寄托了各种各样的情感，而它带给我们的，除了陪伴，还有更多……

认真看一棵树，究竟是种什么样的感觉？

日语中有一个专门词语，叫作"森林浴"。那就表示着，人们走在森林里，散步，呼吸森林的味道……"森林浴"就能够帮助人们减少那些痛苦、抑郁或是愤怒的心情。

这是因为，看一棵树，能够增强我们大脑中副交感神经系统的作用。

副交感神经系统的作用是什么？它是神经系统的主要部分，会对平静的外部条件进行反应：让血压降低，脉搏速度减缓，让呼吸平静，就连肌肉也渐渐松弛下来……于是，看到树后，副交感神经系统开始发挥作用，人的整个身体就这样慢了下来，自然感到轻松了很多。

而且，就算是在城市环境中，看到真正绿色的植物或者人造的绿色景观，都要比其他人造物品更让人心情放松。

和树在一起，人也变得简单了。

1970 年，有人对宾夕法尼亚医院里那些刚做完外科手术的病人进行观察研究。结果发现，房间里能看到树木的病人，恢复得远比那些看不到树木的病人快。

一位名叫 Marc Berman 的心理学家也在多伦多做过调查，结果发现，在控制了收入、教育水平和年龄等因素之后，那些住在拥有 10 棵树以上的街区的居民们，更容易感到自己身体状况良好。Marc 说，如果要用收入来获得这样的自我感觉，那恐怕得给每家人 10000 美元才行，而如果用年龄来换取这样的感觉，则平均每人还得再年轻 7 岁。由此可见这些树木的力量……

树的意义是不言而喻的。它让人开始享受一些很简单的东西，比如透过树叶的阳光、叶子的味道、树桩背后的岁月、活泼的绿色……

于是，心理学家对此提出了"注意力恢复理论"。也就是说，处在自然环境中，我们不需要像处在城市中一样，花费那么多的注意力。在自然中，我们的大脑可以得到真正休息、恢复的时间。

Marc Berman 就曾做过这样一个实验：他让一些人去植物园中散步，另一些人则去城市街道散步，15 分钟后，他为这些人一起做了认知评估。结果是，去植物园的人们散步回来后，在记忆力和注意力方面的表现都比另外一些人要好得多。

另一位心理学家 Stephen Kaplan 则表示，我们不需要身处自然中，就能够得到这样的好处。因为她发现，能透过办公室窗户看到自然的人，在工作时也会少一些抱怨。

树确实能让你变得更强大。因为它能增强你的抵抗力。

树和植物会释放一种名叫植物杀菌素(phytoncide)的东西。它们用这种东西来保护自己不受昆虫、真菌等的影响。

当我们散步在树下时，也会吸入这种植物杀菌素。由此，我们的身体中一种名叫 NK 的白细胞就开始变得活跃起来。这种白细胞能够对抗肿瘤和细菌。一项研究证明，一次三天两夜的"森林浴"，能让 NK 白细胞维持一个月的活力。

扯远了。

或许很多人并不知道，和树在一起的时候，自己的身体和大脑也在发生微妙的变化。不过，树沉默的陪伴，本身就是一种力量。卡尔维诺笔下的男爵就说过："许多年以来，我为一些连对我自己都解释不清的理想而活着，但是我做了一件好事情：生活在树上。"

摘自：《雪莲》2017 年 6 期

最美好的时刻

人，在他的一生中有一段最美好的时刻。

记得我的这一时刻出现在八岁那一年。那是一个春天的夜晚，我突然醒了，睁开眼睛，看见屋里洒满了月光，四周静悄悄的，一点声音也没有，温暖的空气里充满了梨花和忍冬树丛发出的清香。

我下了床，踮着脚轻轻地走出屋子，随手关上了门，母亲正坐在门廊的石阶上，她抬起头，看见了我，笑了笑，一只手拉我挨着她坐下，另一只手就势把我揽在怀里。整个乡村万籁俱寂，临近的屋子都熄了灯，月光是那么明亮。远处，大约一英里外的那片树林，黑压压的树林里却并不那么宁静——野兔子、小松鼠和金花鼠，它们都在那儿奔跑、欢笑；还有那田野里，那花园的阴影处，花草树木都在悄悄地生长。

那些红的桃花、白的梨花，很快就会飘散零落，留下的将是初结的果实；那些野李子树也会长出滚圆的、像一盏盏灯笼似的野李子，野李子又酸又甜，都是因为太阳烤炙的，风雨吹打的；还有那青青的瓜藤，绽开着南瓜似的花朵，花朵里满是蜜糖，等待着早晨蜜蜂的来临，但是过不了多久，你看见的将是一条条甜瓜，而不再是这些花朵了。啊，在这无边无际的宁静中，生命——这种神秘的东西，它既摸不着，也听不见。只有大自然那无所不能、温柔可爱的手在抚弄着它——正在活动着，它在生长，它在壮大。

　　一个八岁的孩子当然不会想得那么多，也许他还不知道自己正沉浸在这无边无际的宁静中。不过，当他看见一颗星星挂在雪松的树梢上时，他也被迷住了；当他听见一只模仿鸟在月光下婉转啼鸣时，他心里有一种说不出的高兴；当他的手触到母亲的手臂时，他感到自己是那么安全，那么舒坦。

　　生命在活动，地球在旋转，江河在奔流。这一切对他来说也许是莫名其妙的事情，也许已经使他模糊地意识到：这就是生命，这就是最美好的时刻。

来源：百度文库

正 义

查德在秘书的办公桌旁停了下来，"我马上去吃饭，一个小时左右回来。"

"老板，一点钟你约了财务主管，可别忘了。"

"你帮我把这个见面推迟一个小时吧。在接下来的这段时间里，我不想被人打扰，明白吗？"

秘书笑了。"好的，老板。还有，玫瑰花已经送出去了。"

"好，谢谢你，凯蒂。"说完，他离开了她的办公桌。

"结婚周年快乐！"他快要出门的时候，凯蒂说。

查德走进电梯，傲慢地朝那个怪胎点点头。这位年轻的技术天才一直在忙着做各种计算和安排，想把大楼里四座电梯中的一座改成他的专用电梯。每天不得不和一帮碌碌无为的家伙一起坐电梯，在这座 53 层高的楼里上上下下，他认为这有失尊严。

查德上了他的雷克萨斯红色跑车，放下敞篷，驶出了停车场。这是一个美丽的夏日，他行驶在高速公路上，想到了即将到来的美好生活。查德的哲学是：如果你对生活不满意，那就改变生活。现在他就是这样做的。

到了自家别墅后，他将车开进了私家车道，停在房子后面。查德打开厨房门，走进去的时候忍不住咧嘴笑了。期待也是一种乐趣啊。

他的手机响了。是巴塞洛缪打来的。

他急忙从厨房走了出来，关上门，站到了外面的阳台上。

"你为什么给我打电话？"

"我只是想告诉你：办好了。"

"什么？"

"你听到我说的话了。"

"见鬼！明天才是动手的时间，不是今天！"

"现在我的合同已经履行完毕。"

"你这个傻瓜！你知道你干了什么吗？"

"我告诉过你，我会给你正义的。"

"但你没有按照计划执行。为什么？"

"你说你的妻子出轨了，这是骗人的。"

"我雇你干活，我给你明确指令。但你搞砸了。剩下的钱我不给了。"

"你的钱我再也不想要了。"

"我要走了。"查德走过阳台，到了台阶前。

"你都到那儿了，难道不想检查一下我的工作吗？"

查德摇摇头，"你连我在哪里都不知道，还说这话？你曾夸下海口说，无论什么人，你都可以在任何时间、任何地点掌握他的行踪。"

"我知道你的准确位置。"

查德觉得后背凉飕飕的，急忙回到室内，"莱茜？"

他冲进客厅，"莱茜？"

接着，他跑上楼，冲进主卧室。

"上帝啊，不！"

莱茜躺在地毯上，好像睡着了一样，但头却是枕在一片血泊之中。查德丢下手机，跪在地上，摸摸莱茜的手腕：已经没有脉搏了。

他捡起手机。"你这个杂种！这个人不是我妻子！你杀错人了！"

"我是按照你雇我的要求做的。你说你想要正义，现在你得到正义了。"

"正义？你在说什么？"

"你的妻子是一个忠诚、有爱心的女子，而你却是一个满口谎言、与他人私通的家伙！"

"你杀死了我的女友。我雇你不是干这事的。我要报警。你会上电椅的！你这个杂种！"

"报警之后，你对警察说什么呢？就说你雇了一名杀手，结果他杀错人了？你会这样说吗？"

"我……我目前还没想好怎么说，但——"

"别浪费时间了。警察永远也找不到我。我住在外国。而且我什么人也没杀。我从来没干过这事儿。我总是雇那些廉价的第三方替我做这些见不得人的事。你看到凶器了吗？那是你的枪——就是你放在汽车手套箱里的那把。"

查德弯下腰，仔细看了那把手枪。"你是怎么从我车里偷出来的？"

"这些细节就不是我要烦心的事了。但是有一点我敢肯定，枪上全是你的指纹，所以，这个案子的来龙去脉非常明朗，马上可以结案，就是十分常见的那种情况：丈夫的女友不甘心一直做小三，提出了更高的要求，但丈夫不想离开妻子，于是女友就威胁说要把事情抖搂出来，于是丈夫杀死了女友。"

"你觉得自己很聪明吧，但你知道不知道，没有哪一个陪审团会判我有罪。这案子甚至都不会提交到法庭上。我的律师能做到这一点。"

"如果你不想受到婚姻的束缚，可以和妻子离婚。但是，当然了，这样做她就可能分走你的一半财产，而你不甘心，对吧？所以你就在网上雇了一名杀手，解决这个问题。你不是为了和女友结婚才这样做的。你根本就没有这样的打算。"

"莱茜知道，我和她只是玩玩而已。"

"我表示怀疑。"

"随你便吧。"

"这次你的律师可救不了你啦，查德。"

"我的那些律师手眼通天，他们的能力会让你吓一跳的。如果警察找不到你，我会再雇一名杀手去杀你。不管你在哪个国家，反正你以后是没有安生的日子过了。"

"你在网上雇了我，就是因为我高超的技术让你印象深刻。我能以匿名的方式在网上和你交流。你本人也是网络专家，却无法找到我，我是什么人你也不知道。"

"哈！瞧你说的，你该不会派一架无人机来干掉我吧？"

"查德，正义是你花钱买的，所以，你会得到它的。"

"去死吧！"

"你满口大话，可我在你眼里看到了恐惧，查德。"

"你看到了？"查德扫视了一下卧室，看见莱茜的笔记本电脑放在梳妆台上。哦，网络摄像机。巴塞洛缪通过网络摄像机在观察他的一举一动。

"你看看手机，是不是越来越热了？"

查德突然明白了。巴塞洛缪黑入了他的手机，正在通过某种手段让他的电池——手机在查德的脸上爆炸了。

他倒在地上。

莱茜醒来的时候，卧室里已是一片漆黑。她觉得昏昏沉沉的。她怎么会倒在地上呢？她想爬起来，这时才发现自己的头发是湿的。她到底怎么了？

接着，她想起了门铃声……那个上门推销的家伙……然后……然后发生了什么？这是他干的？啊，上帝，他给她下了药，然后痛打了她一顿？他有没有强暴她？

莱茜站了起来，沿着床边摸索着走到卫生间。她打开灯，这才看清自己的头发上全是血，或者，至少看起来像血。她没在头上找到伤口或者青紫的地方。她没有觉得有什么地方疼。也许是因为他给她下了药，她麻木了吧。

她洗了头，用毛巾擦干，又将毛巾裹在头上。莱茜慢慢恢复了正常。她检查了身体的其他部位，想找到性侵的证据，但什么也没发现。

这没道理啊。

她返回卧室，打开灯，看见地上有具男人的尸体。男人的脸被炸得面目全非，无从辨认，但他的衣服和鞋子再熟悉不过了。她哭了起来。

"查德！查德！啊，亲爱的，你到底怎么了？"

她笔记本电脑上的网络摄像机将这一切全部捕捉到了。

千里之外，在网络的另一端，巴塞洛缪点点头，说："这就是正义。"

摘自：《时代青年（悦读）》2018 年 2 期

青春心境的终结，
同现在的自己友好相处

青春完结了。

这个开头吓你一跳吧？我也吓一跳。但终归完结了，奈何不得。差不多四十岁了，稍一放松锻炼，侧腹就松弛得多少令人担忧，牙也刷得比过去仔细多了。同年轻女孩喝酒时必须一再注意说话别带有说教味儿。我那曾经的偶像吉姆·莫瑞森早已呜呼哀哉，布赖恩·威尔逊也由于可卡因中毒而臃肿不堪。同代或接近同代的女性朋友都已结婚，多数有了孩子，再没人肯跟我要了。同年轻女孩交谈起来，共同话题又很有限，往往说了上句没下句。是的，中年了，情愿也罢，不情愿也罢。

时下肚皮尚未凸出，体重也同大学时代相差无几，头发也幸好还蓬蓬勃勃。唯一的强项就是健康，从不闹病。尽管如此，岁月还是要带走它应该带走的部分，理所当然。

如果有人提议让我退回到二十岁，我第一个反应该是怕麻烦——当时倒也乐在其中——觉得一次足矣。我懒得那么回顾过去。有过去，才有现在的我；但现有的我是现在的我，不是过去的我。我只能同现在的我友好相处。

至于青春何时完结，则因人而异。有的人是在不知不觉中拖拖拉拉完结的，也有的人则明确把握住了完结的时间临界点。

日前见到一位过去的朋友，交谈的时候他突然说："最近我切切实实感到自己的青春完结了！"

"这话怎么讲？"

"跟你说，我不是有个儿子吗？倒是才六岁，而我看见这孩子时，时不时这么想：这小家伙要长大，要碰上很多女孩，要恋爱，要困觉，名堂多着咧！可我再遇不上了。以前有过，但往后就没有了。说起来荒唐，总之就是嫉妒，嫉妒儿子将来的人生！"

"现在恋上谁也可以嘛！"我试着说。

"不成啊！没那个精力了。就算有精力，那样的心情也一去不复返了。"他说，"我所说的青春完结就是这个意思，就是说……"

"就是通过嫉妒儿子得知青春完结了？"

"正是。"

就我来说，感觉青春已逝是三十岁那年。至今仍清楚记得当时的一件事，我可以细致入微地描绘出来。我在麻布一家考究的餐馆同一位美貌女子一起吃饭，不过并非两人单独，我们一共四个人，而且是商量工作，浪漫气氛丝毫没有，但那天同她是初次见面。

看她第一眼时我就惊呆了：她同我过去认识的一个女孩竟然一模一样！脸一模一样，气质一模一样，连笑法也一模一样。过去我恋着那个女孩，我们已经发展到了相当可以的地步，后来闹起别扭，分手后再没见到，不知她现在如何。

这个女子同她的确一般模样，喝葡萄酒、吃薄饼、喝汤的时间里，我的心总是跳个不停，恍若往日时光重新降临。尽管这也代表不了什么，但这光景的确挺妙！如同一种模拟体验，一如游戏。

一边吃饭一边谈工作细节，我不时看她一眼，以便再次确认她说话的方式和吃色拉的样子。越看越觉得她像我过去的女友，简直像极了，像得我心里作痛。只是由于年纪的关系，眼前这位要优雅得多，无论衣着、妆容还是发型、举止，都优雅得体。那女孩大一些想必也会这样。

吃罢饭，上来甜食，开始喝咖啡。工作大体谈完了，往后很难再见到她了，也不是特别想见。这仅仅是一种模拟体验，一个幻觉罢了。能同她一起就餐诚然开心惬意，但事情是不可以一再重复的。偶然相遇，悄然消失，如此而已。

可与此同时，我又不想让她就这样一走了之。"嗨，你长得和我过去认识的一个女孩一模一样，一样得让人吃惊。"我最后这么说道。不能不说，然而那是不该说的，话刚出口我就后悔了。

她微微一笑，笑得极其完美，无懈可击，并且这样应道："男人嘛，总喜欢这样说话，说法倒是蛮别致的。简直像哪部电影里的台词。"

我很想说不是那样的，不是什么说法别致，不是想对你甜言蜜语，你的的确确同那个女孩一模一样，但我没说，我想说什么都没用。沉默之间，转到了其他话题。

我并不是对她说的感到恼火或心里不快，只是无奈而已。我甚至能理解她的心情。想必她以前也已被人这样说过多次。妩媚动人的女子往往遭遇不快场面，这点我也能够理解了，所以完全没有因此责怪她的念头。但就在麻布这家考究的餐馆的桌旁，我身上有什么失却了，损毁了，毫无疑问。迄今为止我始终予以信赖的某种不设防性——毫无保留的、全方位不设防性的东西，因了她这句话而一下子毁掉了，消失了。说来不可思议，即使在相当艰难的日子里，我也一再小心地守护着它，不让它受损。当然我是喜欢那个女孩的，但事情毕竟已经过去，所以我始终小心守护的，准确说来不是她。唯独在某一时期的某种状况下才能被赋予的某种心境——是这心境消失得利利索索，因了她短短的一句话，在那一瞬间。

　　与此同时，以青春称之的模模糊糊的心境也已终结了。这我察觉得出，我站在不同于过去的世界里想道：事物的终结为什么如此轻而易举，如此微不足道呢？毕竟她出口的不是什么石破天惊之语。那分明是没有任何罪过的、无足轻重的交谈，甚至可以当作玩笑。

　　假如她知道自己的一句话在事实上拉上了我的青春帷幕，我想她一定吃惊不小。当然，事到如今，由何人何时拉上的帷幕，对于我的确是无所谓了。

　　时过境迁了。

来源：北京文艺网

心 与 手

在丹佛车站，一帮旅客拥进开往东部方向的 BM 公司的快车车厢。在一节车厢里坐着一位衣着华丽的年轻女子，身边摆满有经验的旅行者才会携带的豪华物品。在新上车的旅客中走来了两个人，一位年轻英俊，神态举止显得果敢而又坦率；另一位则脸色阴沉，行动拖沓。他们被手铐铐在一起。

两个人穿过车厢过道，一张背向的位子是唯一空着的，而且正对着那位迷人的女人。他们就在这张空位子上坐了下来。年轻的女子看到他们，即刻脸上浮现出妩媚的笑颜，圆润的双颊也有些发红。接着只见她伸出那戴着灰色手套的手与来客握手。她开口说话的声音听上去甜美而又舒缓，让人感到她是一位爱好交谈的人。

她说道："噢，埃斯顿先生，怎么，他乡异地，连老朋友也不认识了？"

　　年轻英俊的那位听到她的声音，立刻强烈地一怔，显得局促不安起来，然后他用左手握住了她的手。

　　"费尔吉德小姐，"他笑着说，"我请求您原谅我不能用另一只手来握手，因为它现在正派用场呢。"

　　他微微地提起右手，只见一副闪亮的"手镯"正把他的右手腕和同伴的左手腕扣在一起。年轻姑娘眼中的兴奋神情渐渐地变成一种惶惑的恐惧。脸颊上的红色也消退了。她不解地张开双唇，力图缓解难过的心情。埃斯顿微微一笑，好像是这位小姐的样子使他发笑一样。他刚要开口解释，他的同伴抢先说话了。这位脸色阴沉的人一直用他那锐利机敏的眼睛偷偷地察看着姑娘的表情。

　　"请允许我说话，小姐。我看得出您和这位警长一定很熟悉，如果您让他在判罪的时候替我说几句好话，那我的处境一定会好多了。他正送我去内森维茨监狱，我将因伪造罪在那儿被判处7年徒刑。"

　　"噢，"姑娘舒了口气，脸色恢复了自然，"那么这就是你现在做的差事，当个警长。"

　　"亲爱的费尔吉德小姐，"埃斯顿平静地说道，"我不得不找个差事来做。钱总是生翅而飞的。你也清楚在华盛顿是要有钱才能和别人一样地生活。我发现西部有人赚钱的好去处，所以，当然警长的地位自然比不上大使，但是……"

　　"大使，"姑娘兴奋地说道，"你可别再提大使了，大使可不需要做这种事情，这点你应该是知道的。你现在既然成了一名勇敢的西部英雄，骑马，打枪，经历各种危险，那么生活也一定和在华盛顿时大不一样。你可再也不和老朋友们一道了。"

姑娘的眼光再次被吸引到了那副亮闪闪的手铐上，她睁大了眼睛。

"请别在意，小姐，"另外那位来客又说道，"为了不让犯人逃跑，所有的警长都把自己和犯人铐在一起，埃斯顿先生是懂得这一点的。"

"要过多久我们才能在华盛顿见面？"姑娘问。

"我想不会是马上，"埃斯顿回答，"我想恐怕我是不会有轻松自在的日子过了。"

"我喜爱西部，"姑娘不在意地说着，眼光温柔地闪动着。看着车窗外，她坦率自然，毫不掩饰地告诉他说："妈妈和我在西部度过了整个夏天，因为父亲生病，她一星期前回去了。我在西部过得很愉快，我想这儿的空气适合于我。金钱可代表不了一切，但人们常在这点上出差错，并执迷不悟地……"

"我说警长先生，"脸色阴沉的那位粗声地说道，"这太不公平了，我需要喝点酒，我一天没抽烟了。你们谈够了吗？现在带我去抽烟室好吗？我真想过过瘾。"

这两位系在一起的旅行者站起身来，埃斯顿脸上依旧挂着迟钝的微笑。

"我可不能拒绝一个抽烟的请求，"他轻声说，"这是一位不走运的朋友。再见，费尔吉德小姐，工作需要，你能理解。"他伸手来握别。

"你现在去不了东部太遗憾了。"她一面说着，一面重新整理好衣裳，恢复起仪态，"但我想你一定会继续旅行到内森维茨的。"

"是的，"埃斯顿回答，"我要去内森维茨。"

两位来客小心翼翼地穿过车厢过道进入吸烟室。

另外两个坐在一旁的旅客几乎听到他们的全部谈话，其中一个说道："那个警长真是条好汉，很多西部人都这样棒。"

"如此年轻的小伙子就担任一个这么大的职务，是吗？"另一个问道。

"年轻！"第一个人大叫道，"为什么——噢！你真的看准了吗？我是说——你见过把犯人铐在自己右手上的警官吗？"

来源：豆丁网

欣赏别人是一种本领

欣赏，是一种胸怀，一种雅量，一种品格。能阅人，能容人，放大他人的优点，缩小他人的缺点。

学会欣赏，就会明白每一个人都是独立的、自由的，每一个个体都希望得到关爱、尊重和理解。学会欣赏，就能"大其心以容天下之物，和其心以敬天下之人"。

学会欣赏，就能发现世界上的美好，生活将会为之明朗。懂得欣赏，就能体会每个人的辛苦不易，工作起来也将更为和谐进步。理解欣赏，就能以己心换他心，人与人之间将会更加坦诚。

没有了欣赏，刘邦所以看不起受胯下之辱、寄食漂母的韩信。只封韩信一个管理粮饷的官职，并没有发现他与众不同的地方。因为善于欣赏人才，才有萧何月下追韩信的千古美谈。

记得麒派名剧《萧何月下追韩信》中，当韩信弃官逃走，萧何闻听此言如雷轰头顶，顾不得这山又高，这水又深，山高水深，路途遥远，忍饥挨饿来寻将军。

赶上韩信，这时萧何一句念白："将军，千不念，万不念，还念你我一见如故。"不知让多少人感动不已。这份一见如故饱含的是欣赏，是对人才的理解与珍惜。虽然屡次在刘邦面前推荐不成，可这份欣赏让萧何穷追不舍，有如此赏识之人，又何愁壮志难酬。

漫漫人生路，我们走过不同的村庄与河流，向往多彩纷呈的城市与乡村，路上有荆棘和鲜花，有朋友和同事，成败荣辱，得失聚散，花开花落，朝晖夕阴，气象万千。

我们无法估计未来会是怎样，甚至是下一刻会发生什么，在茫茫人海中，最需要的就是学会欣赏，懂得欣赏别人的好，理解他人的优点与长处。既能和谐相处，又能互帮互助，以长补短，一道向前。

学会欣赏，就不会吹毛求疵，过分苛求，让茉莉散发出桂花的香气。学会欣赏，工作中多一点进步。不仅仅是哀怨工作的繁忙与困苦，能够让枯燥的工作拥有一份温情。

理解欣赏，生活中少一点戾气，不会妄自菲薄，理解他人的关怀与提醒，做个明白人，不被一时的情绪所左右。懂得欣赏，人生就能多一份完满，在学习中不断完善自己，充实提高，止于至善。

在欣赏中，我们学会倾听，倾听来自他者的意见与声音，学会欣赏，认真倾听就会成为一种习惯。海不辞水，故能成其大；山不辞土石，故能成其高；明主不厌人，故能成其众；士不厌学，故能成其圣。

海洋不拒绝点滴之水，所以才能成为大海；山不拒绝些许土石，所以才能形成高山；圣明的君主不厌恶人民，所以能统治众民；读书人不厌恶学习，所以能为圣人。没有来自欣赏的倾听与包容，这一切又从何谈起。

学会欣赏他人是一种本领，更是一种境界。学会欣赏，世界将不再狭隘，心胸为之宽广，人生不再灰暗。在欣赏中，阳光正好，微风习习，人和景明，天下大同。

来源：搜狐网

认真你就输了

　　谈到中国神话小说，《西游记》和《封神榜》必然是绕不过去的双璧，故事中人物也被一再演绎，两书发生的年代不同，但却存在许多共同的人物，比如哪吒、杨戬、李靖等，因此有人就把两书中出场过的人物混为一谈，其实这两本书要是完全混在一起，那可是天大的错误了。

　　首先两本书的作者不是同一人，《西游记》是吴承恩，《封神榜》是许仲琳，要看故事，当然是《封神榜》在前，《西游记》在后，但是《西游记》先成的书，而后再是《封神榜》。吴承恩写《西游记》的时候，《封神榜》还没完全成型呢，虽说是吴承恩在前，你不能说只能是许仲琳抄袭吴承恩，这就好比《三国志》的作者陈寿和《后汉书》的作者范晔，论历史，后汉之后才是三国，要论作者，陈寿比范晔早生了一百多年。

而且，像这样的名著也并非出自一人之手，说是作者，其更大的贡献是将这些民间流传的故事搜集起来加以整理，再添加个人的一些感情色彩拼写而成，在罗贯中写《三国演义》之前，就没有三国故事了吗？所以你不能说吴承恩在写《西游记》的时候，民间就没有《封神榜》的故事口头流传吧？

别说作者不是同一人，就是两书中同样的人或者宝物，在两书中交代也各不相同，一个最大的问题是"杨戬"，打引号的原因是因为他在《封神榜》中叫杨戬，在《西游记》中叫作二郎真君，俗称二郎神。几乎所有人都认为二者是同一人，看外貌描述，几乎是一样，都是英气逼人，手持三尖两刃刀，带着哮天犬。

可是各位看好了，在《封神榜》中，杨戬是玉虚宫门下玉鼎真人的徒弟、元始天尊的徒孙，而《西游记》中说是玉帝的外甥，这就不一样了，在整部《封神榜》中，从未出现过"二郎神"三个字，在《西游记》里也从未出现过"杨戬"二字。更重要的一点，《封神榜》中，杨戬收服了梅山七怪；《西游记》中，杨戬带着梅山六兄弟。而且名字完全不一样，《封神榜》中的梅山七怪是袁洪、常昊、戴礼、杨显、金大升、朱子真、吴龙；《西游记》中是康、李、张、姚、直、郭六兄弟加上二郎神合称梅山七圣。

还有李靖父子，都知道李靖叫托塔天王，那么塔是怎么来的呢？同样两个答案：《封神榜》中是燃灯道人为了化解父子的矛盾，传授李靖宝塔，一开始主要是为了制住哪吒的；《西游记》中交代是如来赠予李靖收降妖怪的。

　　类似这样的例子还有，所以说，不同的两本书存在矛盾时，大家不要刻意去带入，要把两本书看成两个世界，各论各的，不要强行混为一谈，本来就是神话故事而已，认真你就输了。

来源：搜狐网

第四章

人生路　小心走

两 只 乌 鸦

　　不知从何时起，我家院子里的一棵梧桐树上竟然多了一个鸦巢。鸦巢正好对着我的卧室，每天天刚亮便有两只乌鸦在树上飞来飞去，它们是一对乌鸦夫妻，总是"哇哇"地叫着将我吵醒。这对乌鸦让我每天至少要少睡两个小时。

　　每当被乌鸦吵醒后，我便会冲它们破口大骂，还将牙刷、牙膏和口杯向它们扔去，可是这些根本就不管用，它们依然每天准时"哇哇"地叫着将我吵醒。终于有一天，忍无可忍的我决定将这个鸦巢捣毁。正好乌鸦夫妻不在，我找来一根长竹竿，只几下便将鸦巢从树枝上给鼓捣了下来。令我吃惊的是，鸦巢里竟然还有两只刚出壳的小乌鸦，从高高的树枝上跌到地面竟然还没有摔死。

　　我解气地回到家里，以为失去了鸦巢的乌鸦夫妻会从此远走高飞。没想到第二天一早，它们又准时在树上"哇哇"地叫了起来。我仔细一看，见树枝上又多了一个新鸦巢，肯定是它们连夜筑成的，鸦巢里还有两只张嘴讨食的小乌鸦，看来它们是被自己的父母救了。

可是，还没等我想出第二个对付这对乌鸦夫妻的办法来，我的妻子玛丽娅便惊慌地跑来跟我说，我们的女儿芬妮今天早上遭到了两只乌鸦的袭击，幸好玛丽娅在女儿的身边，不然后果将不堪设想。当时的情况是这样的：当玛丽娅推着刚满六个月的女儿芬妮外出散步的时候，两只乌鸦突然飞离树枝直向芬妮扑来，玛丽娅立即挥起衣袖驱赶，两只乌鸦见无法接近芬妮，便分别在芬妮的婴儿车里拉了泡鸟粪。

这两只可恶的乌鸦分明是在报复我！于是，我又想出了好几种对付乌鸦的办法，比如用水枪射击鸦巢，或向鸦巢里喷石灰粉，可是都无法将它们赶走。当然，我也遭到了乌鸦的报复，我的女儿芬妮只要一出门，乌鸦便会在她的婴儿车里拉鸟粪。有时我真想一枪将这两只乌鸦打死算了，可在澳大利亚是不准随便猎杀动物的，除非它威胁到了人类的生命。

身心俱疲的我实在想不出更好的办法了，我甚至想到了搬家。这时妻子玛丽娅说，不如我们不去理会它们了，随它们去吧。我想想，也只能这样了。在较长的一段时间里，我真的不去理会那对乌鸦了，它们竟然也没再来报复我。

　　我每天早上依然会被乌鸦的叫声吵醒，醒来后为了躲避乌鸦的叫声，我便和玛丽娅一起推着芬妮去散步。慢慢地，我发现，每天早晨，我们一家人一起散步的时光竟然是如此美好，我甚至后悔当初为什么要睡那么多觉，以至于浪费了这么多用来和家人一起散步的时间。玛丽娅说，这都是那对乌鸦将你吵醒的结果。于是我开始喜欢起这对乌鸦来了。一个狂风暴雨的夜晚过去了，早上醒来，我竟然没有听到乌鸦的叫声。那对乌鸦夫妻可能被风雨折伤了翅膀，正低着头在树上伤神呢。而它们的两个孩子却在地上"哇哇"地叫着没人理睬。我当即找来梯子将两只小乌鸦小心地放回了鸦巢。很快，鸦巢又恢复了往日的活跃气氛。

　　有一天，我在房间里收拾东西，妻子玛丽娅在厨房里忙碌，我们的女儿芬妮则在院子里晒太阳。我突然听到院子里有乌鸦的惨叫声，原来一条蟒蛇已悄悄地接近了我们的女儿芬妮，树上的乌鸦第一个发现后飞下来与蟒蛇搏斗，结果被蟒蛇所伤，我闻声赶到后立即用猎枪射杀了蟒蛇。吓得目瞪口呆的玛丽娅将芬妮抱在怀里哭了好长时间。是乌鸦救了我们的女儿！从此，我们与那对乌鸦夫妻成了好邻居、好朋友，只要它们有难，我们便会伸手援助，而当我们有需要的时候，它们也会帮忙。

　　这件事让我明白了一个道理：我们常常会忽略自己的同

事、邻居和身边的人，因为距离太近，他们有时会吵到我们，打扰我们的生活。可是，同样因为距离近，在我们需要帮助的时候，也正是他们的援助使我们尽快摆脱了困境。也许他们的面貌不尽如人意，也许他们的性格与你不太合得来，但只要你真诚地去对待，你便会发现，他们每个人都拥有一颗火热的心。

摘自：《少年文艺（阅读前线）》2010 年 12 期

中国式"聪明"

我们自以为很"聪明"，确实也很"聪明"。但是，我们太"聪明"了，往往就让别人吃了亏。而别人也不傻，在一定的时候，我们就会为自己的"聪明"付出代价。

一位好久不见的朋友刚从美国回来，寒暄之余，闲话之间，难免会讲起他在美国的所见所闻。

在美国，很多超市会发行有限期的会员卡。而且很多超市规定，第一次开卡都是免费的，但是当到期后续卡，则要交一笔手续费。

几乎所有美国人都会毫不犹豫地续卡，但是这个朋友则发现了另外一个"聪明"的办法：他要求先将第一张卡注销，然后重新开一张卡。

超市工作人员面对朋友这一充满了智慧的要求，竟然无言以对。就像见了外星人一样，完全懵圈，不知所措。

最终，无可奈何，工作人员只好自己掏钱垫付手续费，给朋友续了卡。

朋友讲完这故事，一边拍着大腿，一边笑得前俯后仰："你说美国人是不是傻！"

无独有偶。一个去澳洲旅行回来的朋友也讲了一段同样有趣而充满智慧的发现。

澳洲的警察一般服务意识很强，脸上往往写着自带光环的五个大字："为人们服务"。

久而久之，一些"精明"的中国游客发现了一个诀窍：只要你拿着地图，找警察问路，然后呆萌呆萌地看着他们，摆出一副听不懂英语，茫然不知所措的样子。警察就会用警车将你送到目的地。

初尝甜头的游客回来，怀着无比自豪的心情，将自己的经验写成攻略，无私分享给大家。大家纷纷效仿。

久而久之，澳洲警察看到中国游客，总是胸中有所忌惮。甚至很多澳洲警察开始自费学习简单的中文了。

其实，在我们的生活中，自古以来，从来不缺乏这些"聪明"人。他们深谙世事，精明圆滑，在生活中风生水起，游刃有余，人人称羡，个个效仿。

终于，在民国出了一个极其精明之人叫李宗吾。他总结古往今来成大事者的规律，最终写成一篇雄文《厚黑学》，将成功的经验总结为两点：脸皮要厚，心要黑。厚黑的最高境界是：脸皮至厚而无形，心至黑而无色。

此等学说一出，各路英雄均觉得是至理名言，有人摇旗鼓掌，有人暗暗称奇。至今，无论是各种媒介流出的励志成功故事，还是教你为人处世的心灵鸡汤，归根结底，最终恐怕都逃不脱这"厚黑"的精神。

我们拿着钱，不敢随便购买东西，因为很多东西可能是假的：衣服可能是假的，手机可能是山寨的，文凭可能是在大街边买的，结婚证可能是别有目的的共谋……甚至饿了吃的东西，病了吃的药，这些人命关天的东西也可以是假的。最终，人与人之间的感情也可以是假的，"真爱"一词，就显现出了特别的魅力。

《红楼梦》中盖棺定论第一号聪明人物王熙凤说："机关算尽太聪明，反误了卿卿性命。"

其实，这是对很多太过于精明人的准确概括。

一个老人在大街上摔倒了，有人去扶了吧，老人昧了良心反咬一口，得了不少利益。

有利可图，就有人争相效仿。于是，再有老人在大街上跌倒了，大家都避之唯恐不及。一个人垂垂老矣，最终孤独地死在大街上，死在万千人的瞩目之下。

一个由人聚集起来的社会，为何会如此凄冷？

你本来好好排队，等地铁上班，然后总有"聪明"人在门打开的一瞬间蜂拥而上。老老实实排队的你轻则没有了座位，重则没挤上车，迟到了，挨骂了，扣钱了，吃亏了。

久而久之，你也学"聪明"了。于是，高峰期的地铁里总是不缺乏尖叫声、叫骂声，乃至大打出手，你死我活。

高度文明的今天，为何会如此不堪？

……

一切的根源，似乎没有谁错了，唯独错了的就是我们太"聪明"。

无论是社会信任成本的上升，还是让我们心中充满了怨愤，影响了一天的心情。

这都是我们为自己聪明所付出的代价。

来源：搜狐网

请　息　怒

前两天，我开车在一个十字路口向右拐弯时速度慢了一点，这对于后面那辆车的司机来说可能是耽误的时间太过漫长，令他无法忍受。于是，这位路怒症司机狂按喇叭、向我挥拳示威，接着就是甩过来一连串的谩骂，仿佛我是个杀人犯一样。

作为一名研究愤怒情绪管理的心理学专家，我一直对现在的人们为何如此爱发脾气感到好奇。每个人都有不高兴的时候，此乃人之常情。特蕾莎修女面对人们的贫穷拍案而起，甘地为到处发生的饥荒而热血沸腾，马丁·路德·金为社会的不公而怒发冲冠。但是现在让很多人发火的好像是一些微不足道的激惹：时装连锁店卖的都是小号衣服、领导决策失误等，虽然不是什么重大失误，如此这般。

这些事真的值得他们火冒三丈吗？或者说，除了这些烦恼，再也没有什么别的更值得让我们发火的事情了吗？

和所有的情绪一样，愤怒在人类历史上扮演过颇为重要的角色。愤怒让我们的祖先得以生存下来。如果在偷窃食物之人或者抢夺者面前畏缩退让，他们就会任人劫掠，毫无保护自己的能力。

真的，有研究显示，我们的愤怒反应的发展是我们进步的一部分。举个实验例子来说，如果我们面对几张愤怒面孔的照片，我们就会更积极地选择做一些有意义的事情。所以我们有理由说，别人的愤怒可以激励我们达到真正重要的目标。

愤怒还可以帮我们在社交群体中维持情绪平衡，我们不再满面春风，这表明我们对他人的做法不满，别人的一些行为需要改变，这样我们就不会将不良情绪转移到第三方身上。

但是在当今社会，那些直接威胁到生命的不公或危险不像荒蛮时代那样如同家常便饭，而愤怒反应在我们的脑子里却仍然根深蒂固，结果是为了让愤怒的火种不熄，我们就逐渐习惯了为那些微不足道的事情发火。

我们可能没有一个月不会听到一些小争执升级、最后远远超出应有规模的事情。比如不久前我就在媒体上看到，两位男士各骑一辆电动车，不留神在一家超市前撞在了一起，结果这两位路怒症拳脚相加，竟致一人丧命。还有调查显示，呼叫中心90%的话务员火气都很大，其中50%的人会拿眼前的电脑撒气，会动手打砸电脑。

所有此类会引发愤怒的不良情绪对我们来说都是有害身

心健康的，但是"给你点儿脸色看看"好像不知不觉间已成了我们的一种交往策略。

问题的部分原因是我们的关注重点从以前的屋顶是否漏水，转移到了现在的餐馆饭菜是否够热，或者公司的哪个领导拿了奖金，换言之，随着生活水平的提高，我们对生活的期望值也在提升。甚至可以说，我们是让安逸生活宠给坏了，和刚学会走路的小孩子一样，想让每一件事都顺自己的心意，不同的是，遇到不如意的事情时，我们不像小孩子那样气得跺脚，而是选择了另外一些发泄方式。

社会上的不守信用之类的不良风气也起到了推波助澜的作用，比如，超市承诺，如果排队者过多，他们将开一家新店，以免让你久等，而人们排成一条长龙时，超市又不恪守承诺，这就为人们的愤怒安装了一个导火索。

好消息是，只要我们能意识到自己的愤怒是小题大做，我们就能更理性地控制自己的情绪。为了不让脑子里的一个火星发展成一团愤怒的火焰，我们可以问自己这样一个简单问题，以此来作为自己衡量是否应该大发脾气的标准：这件意外事情能威胁到我的生存吗？如果答案是否定的，我们就能勒住愤怒之马的缰绳，不再为一点小事而大动肝火。

摘自：《环球时报》2015 年 7 月 1 日

电车相亲派对

"你还好吧？"坐在白川葵对面的男子与她搭话。与此同时，电车启动。

由市青年团策划的一场相亲派对即将在车上拉开序幕。11对男女每对相向而坐，各有5分钟的自由交流时间。

小葵发现对面这个人自己认识，很是尴尬。她答非所问："当警察的还参加这种派对？"

与刑警森庆一郎的相遇让小葵觉得无比糟糕。四个月前，小葵发现浑身是血的母亲躺在家中，吓得号啕大哭，第一个赶到现场的就是这位森警官。警方勘查现场后初步判定，不属于入室盗窃，从被害人身中几十刀来看，凶手一定是满怀愤恨。

"你真的恢复平静了？"森警官又问道。

"嗯，"小葵使劲点点头，"母亲生前的愿望就是我结婚，我在她墓前许诺快点找到伴侣。我是母亲独自带大的，这也是我最后应尽的孝道。"

"原来是这样。我父母也成日在我耳边唠叨结婚的事。参加这种派对我来说还是第一次。"

"你28岁？"小葵瞟了一眼对方的简历，"我已经37了，去过各种相亲派对。最近还出现过一种只允许父母参加的相亲派对。"

"看来找到一个合适的人并不难。"

小葵有些羞赧地笑了，但马上又神色凝重。

"在这种场合下打听，虽然觉得有点不太合适……那案子调查得怎么样了？"

"抱歉！"森警官低下头，"我们全力搜查凶手，至今没有进展……但是，有件事我始终有疑问。"

"什么事？"小葵略显兴奋地将脸靠近。

"厨房里的花。"

"花？"小葵回忆道，"是放在餐桌上的花吗？"

"那花是晚开的梅花，属白加贺品种，盛开时一树白花，花期可持续到3月下旬。"

"你的疑问是？"小葵问道。

"梅花旁边有花瓶，还有，挂轴也被拿出来了，想必正准备插花。那花是你母亲买的吗？"

"这与案子有关系吗？"小葵觉得不可思议，"那天我不在家……不过，很可能是母亲买的。她喜欢茶道，还得过茶艺表演奖。她把家里有壁龛的房间当作茶室，经常以茶会友。"

"所以我才有疑问，如果梅花是用来作茶室里的插花，没必要准备那么多。如果用大花瓶还说得过去，可预备的花瓶又特别小。"

"照你的分析，梅花不是我母亲买的？"

"附近的花店没有进过这种花，也许是邻居送的，或者是家里来了客人，客人随手带来的礼物。"

"有件事我和其他刑警也提过，"小葵声音略显焦躁，"在发现母亲被害之前，我看见一个50多岁的女人从我家里出来，可能她就是凶手。"

"我知道这事，我们刑警的信息是共享的。"

"但我不认识那个人，是她送的梅花吗？"

"有这种可能，这样的话，我们可以做另一种推测。"森警官竖起食指道，"案件发生时刚刚进入四月，如果去花店买花，一般会选择代表春天的樱花等。梅在俳句中常作初春的季语，这个季节偏偏买晚开的梅花，也太缺少情趣了。有可能是自家院子里种了梅花，于是剪下来作为礼物。"

"有道理。"小葵由衷地赞道。

"可是，"森警官说，"那就有一个问题了，倘若送花人是凶手，那她为什么把花留在现场？"

"这个我能猜到，"小葵表情严肃，"凶手不想引起旁人的注意，手捧鲜花，毕竟太显眼了。倘若她家院子里种有梅花，回家时，手里还捧着一大束梅花，被认识的人见到，一定会觉得异常，所以才把梅花丢下，"小葵忽然若有所悟，"假设送花人是凶手，一定会留下指纹，但梅花上没有。如果花用报纸包裹，报纸上或许留有指纹。"

"说得对。厨房的菜刀不见了，把它当作凶器，看来非预谋犯罪的可能性极大。排查栽种梅花的家庭，核对房主指纹，或许就可以查出犯罪嫌疑人。你现在仍然没想起来什么值得怀疑的人？"

小葵困惑地摇摇头，"我母亲从不招人恨。"

"是啊。"森警官脸上突然放光，"刚才你说有一种相亲派对，只允许家长参加，或许在那儿招惹谁了。男方家长相中你，而你母亲却不满意对方，事后他们非常在意自己儿子被拒一事，于是怀恨在心，多方调查，查出你家地址，然后去拜访，询问被拒理由，突然勃然大怒。小葵，你看见的那个50多岁的陌生女人，就是你母亲在这种相亲派对上认识的。"

小葵脸上紧绷的肌肉松弛下来，逐渐浮出一抹笑意，"我们好像就要找到凶手了。"

"请等一下。"突然有人大声插话。他们身后的座席上站起一名男子，30岁出头，体格健壮，脸涨得通红。他走过过道，来到他们旁边。

"我偷听了两位的谈话，所以无论如何也不能保持沉默了。两位讨论的结果认定凶手是那个50多岁的女人，你们指的恐怕是家母。我家院子里就种着梅花，家母剪了梅花去她家，没错，但家母并没有害她母亲。"

"你为什么说得这么肯定？"森警官冷静地问。

"正如你们猜测的，家母和她母亲确实是在只有家长参加的相亲派对上认识的，但她母亲并没有拒绝家母，相反她们意气相投，还交换了联络地址。这个你向主办方打听，就可以了解到更详细的情况。"男子长呼一口气，"与你们猜测的相反，拒绝交往的是我，家母让我看了她的照片，我就拒绝了，为了传达我的意思，家母去了她家，梅花就是那时候送的。家母没有理由害死她母亲。如果说谁招人恨，那人应该是我。"

"你为什么拒绝和她交往？"

"我参加相亲派对很长时间了，在很多派对上见过她，所以……"

小葵不由得站起身吼道："你想说我嫁不出去了？"声音沉闷得连小葵自己都吃惊，"是的，我是还没结婚，但那是怎么造成的？你想说我是滞销货，少开这种玩笑！我注重学艺修养，努力把自己打造成有魅力的女性。我也有好几次机会，甚至都到了谈婚论嫁的地步，最后都因为母亲而告吹。她以自己不喜欢为由随便加以拒绝，有事没事地乱掺和，弄得婚姻离我越来越远，我结不成婚纯粹是她一手造成的。"

森警官缓缓开口："原来是这样，大家眼中关系良好的母女竟然如此敌对，太让我吃惊了。这是你犯罪的动机吗？"

"瞎说，你不要瞎说。"小葵对横插一杠的男人怒目而视，"这个男人在说谎。"

"不，他没有说谎，"森警官语调平缓，"他说的都是事实，警方已经核实过了。今天这场相亲派对让我们有了一次意外的合作。"

"你在说什么？"

"我刚才已经说了一些，你还记得那天茶室里有一幅挂轴吗？"

"嗯，记得。"小葵点头，"本应该悬挂在壁龛的正中央，却被放在榻榻米上了。"

"招待重要客人，茶室要挂上挂轴，挂轴应在贵客到来之前就挂好，客人走后再摘下来。可是，你母亲根本没打算用挂轴，所以在客人离开后，你母亲把挂轴摘下来一事纯属子虚乌有。也就是说，他母亲离开你家时，你母亲还活得好好的。然后小葵你回来了。交往被拒，母亲没完没了地数落。你听了，就像刚才一样顿时失去了理智。"森警官不住地摇头，"很抱歉，按照这个逻辑分析，小葵你就成了凶手。在目击那个50多岁的女人离开后，你回到家中，与母亲发生了激烈冲突，最后竟然失去理智，挥起了菜刀……"

小葵听完这番话，像泄了气的皮球瘫倒在地。

摘自：《微型小说选刊》2018 年 3 期

不可以输掉意志

会考放榜之后，有些同学要四处奔波找预科。一个人不可能同时出现在几所学校报名，这个时候，只好靠朋友。几个已找到学校的朋友替没找到学校的报名，那是唯一的方法。

那年会考放榜，我也做过这些事情。

有同学考得不太好，我们便分头去不同的学校替她排队报名，我甚至替同学考过试，我平常跟那个同学不是太熟，替她填表格的时候，我根本不知道她住在哪里，只好把自己的地址填上去。

后来，那所学校有没有录取她，我也不知道。我代她报名的这位同学，叫什么名字，长什么样子，我也不记得了。我相信，她也忘了我。当时，我们只是"行侠仗义"，希望她可以继续读书。

中学毕业便要出来工作，是很无助的。你走的路，要比别人艰苦许多。你付出的努力，也要比别人多很多。有机会的话，不要放弃学习。

一直也觉得，读书靠的不是聪明，而是意志。

你聪明，但意志薄弱，便承受不起压力。要有比减肥更强的意志力，才能坚持下去。我有一位朋友，第一次会考考得不好，连续考了几年，终于考到好成绩，让她如愿以偿，考上师范学院的美术系。

你可以输掉一次考试，但不可以输掉你的意志。

摘自：张小娴杂文随笔《禁果之味》

我和马云差了八个字

我和马云差了八个字：越败越战，愈挫愈勇。

马云，我真的非常佩服他，首先佩服他的是他跟我有同样的经历，我考了 3 年才考上了大学；他也是考了 3 年。我比他还要幸运一点，我考上的是北大的本科，马云考上的是杭州师范学院的专科。可见，我们除了长相上的不同，还有智商上的差别。

但是，阿里巴巴在去年到美国纽交所去上市，市值 200 亿美金，新东方比阿里巴巴早走了一步，我们在 2006 年就到美国上市，新东方的市值到今天为止才 40 亿美金。当然同学们不要小看 40 亿，你想做一个 40 亿美元的公司给我看看也是不容易的。

有时候我想，我跟马云的差距在什么地方呢？后来发现，我跟他的差距就在最后八个字上，马云是一个典型的"越败越战，愈挫愈勇"的人物，我是典型的不是"越败越战，愈挫愈勇"的人物。我到后来有了这样一点精神，也是从周围的朋友身上学来的。

阿里巴巴是马云做的第 5 个公司。马云在大学毕业以后，当了大学老师，也跟我一样，出来开了一个外语培训班，新东方第一个外语培训班招生人数 13 人，3 年以后，新东方同期学生到了 5000 人，一举成功。马云第一个培训班招了 20 个人，3 年以后的培训班还是 20 个人，开培训班失败了。马云又做了一个翻译社，怎么做怎么亏本，紧接着做了一个中国黄页，又失败了。马云又跑到北京开了一个合资公司，做了不到半年，还是失败了。

请大家想一想，如果是你，连做 4 个公司都失败了，你会怎么办？你会怎么想自己？你会想，我天生不是干这个事情的料，我天生是给别人打工的料，我再也不开公司了。但马云想的是，前面的失败是为了奠定未来做世界大公司的基础。我终于看出了我和马云的区别。

人的区别，不在于家庭身份，不在于长相，不在于上什么大学。请记住了，这个世界上，能掌管命运的就是你自己。没有任何人能把你从泥泞中拉起来，只有你自己可以爬起来；没有任何人可以阻止你前进，只要你自己往前走。这个世界上，90% 的人是追随者，但你不是，请记住，你是来引领这个世界的！

有时，挡住我们前进的脚步，恰恰是不愿意迈出第一个脚步的自己。

我们的生命需要什么呢？突破，突破，再突破！有时，挡住我们前进的脚步，恰恰是不愿意迈出第一个脚步的自己。

当我走进北大的时候，我连续几年充满了自卑，总感觉自己这也不行，那也不行，讲普通话不会讲，文艺体育才能不行，我唯一会的体育运动是游泳，但只会狗刨。上游泳课时，我的老师哈哈大笑，说从来没有看到一个人狗刨游得这么快，当时我无地自容。在北大看到男女同学谈恋爱，我发现自己根本没有勇气去追求我喜欢的女生，尽管我喜欢了很多的女生。

为什么呢？因为我无法摆脱自卑，我无法摆脱我自轻的贱，我自己看不起自己。我是农村的孩子，穿的是破衣服，长相比马云好看一点，但是也不咋地。我想去追，到最后结果不就是被拒绝吗？不就是丢面子吗？

我在大学四年，从来没有参加过任何学生会干部的竞选，因为我知道，我竞选的话，80% 的可能性是失败，大家会怎么评价我呢？你看俞敏洪，连他都想竞选学生会的干部。为了避免失败，我干脆什么也不干。现在回想起我的大学生活，除了读了几本书，交了几个朋友，其他的生活几乎是一片空白。

因为害怕，不愿意突破自己，最后导致我们永远在原地踏步。我们必须突破自卑的壳，自轻的贱，胆怯的虚，失败的惧，才可以奋勇向前。

人生就像心电图，一帆风顺，你就挂了！

心电图本身就是高高低低，非常不平整，它表明了生命的活力，如果说你的人生是一帆风顺的，证明你挂了，你的人生一帆风顺，有可能是你难得遇到挫折，精神就崩溃了。后来我终于想明白了，宁可生命中多点挫折，也不愿意生命中只是铺满了鲜花，因为在挫折中间，你能看到更多的风景，你能更多地感受到人生的酸甜苦辣。

有一次黄晓明说："俞老师，我演得还好吧？"我说你演得很好了，可惜你没有把我的气质演出来，他说什么是气质？我说气质是一个男人在经历了无数的风风雨雨之后，每一个动作都充满人生的智慧。

人生的道路从来没有直路可走，每一个人只要心里有山峰，道路再曲折，也能够到达你人生的顶峰和山顶，希望大家一起共同努力。

人生最重要的是什么？注意力和穿透力。什么是穿透力？就是可以排除周围所有的纷纷扰扰，眼睛盯着你前行的路，那就是穿透力。

我希望成为中国教育领域中最优秀的教育助手，说得好听一点儿，教育家。到现在为止，我也不知道，走向教育家应该是做什么。但是我知道，我在这条路上一直在努力。

我的人生，是从阶段性目标开始的。第一个目标，成为一个优秀的农民；第二个目标，离开农村，考上大学；第三个目标，是希望毕业以后，留在北大当老师；第四个目标，希望可以到美国去读书；前面三个目标都实现了，但是第四个目标，最后彻底绝望而告终。但是现在想一想，我突然发现，幸亏被拒签了。正是拒签让我一次一次绝望，让我想到，我在北大永远不会有钱，我必须自己挣钱，所以有了新东方。所以说阶段性的目标，只要你可以坚持下去也是好事。

刚才我说到了，人生最重要的是什么？注意力和穿透力。什么是穿透力？就是可以排除周围所有的纷纷扰扰，眼睛盯着你前行的路，那就是穿透力。

当我们的生命有目标，如果你的眼睛可以穿透困难，走向目标，目标永远就是最大的。你就会变成成功者，当你的眼睛只看到困难，目标被困难阻挡的时候，你永远是一个失败者。

有多少同学在生活中遇到困难放弃自己的目标：考试，考不过去就放弃了；交朋友，交不了就放弃了；找工作，投了几份简历没有人要就放弃了；创业，一次失败就放弃了。我们在生活中放弃了太多的东西，看到了太多的困难，以至于我们一次一次变成了失败者。但是你没有像马云一样，从一直失败，一直失败，走向成功；你也没有像我一样，走向成功。其实成功不在于坚持了多久，只有在一次一次没有希望的时候依然坚持下去，才有用。

他们丢掉了梦想，丢掉了坚持，丢掉了信念，再也没有什么东西值得相信。留下的是什么？是平庸，迷茫，懦弱，放弃和附和。

在长大的过程中，我们失去童年，失去了青年，不知不觉走向了中年。我们有多少人在 30 岁以后，慢慢告诉自己，你必须坚持？我们大部分人都看到的是什么？我们日益变得平庸，我们人生充满迷茫；我们随时会碰到各种各样的困难。

随着我们失恋，随着我们大学毕业找工作，随着我们创业找不到资源，我们变得越来越胆怯，越来越懦弱。我们开始放弃自己的梦想，我们甚至放弃自己微小的目标。到最后，我们附和整个社会，还给自己起了一个非常好听的名字，就叫"和光同尘"。其实，是把你的光弄没了，而你的精神和灵魂，确实掩盖了所有的尘埃。

世界上 80% 的人，都在默默无闻中度过自己的一辈子，都在抱怨中过着每天的日子，都在对社会以及对周围的亲人和朋友不满足，来打发自己的日子，他们从来没有想过，身上到底丢了什么东西？

他们丢掉了梦想，丢掉了坚持，丢掉了信念，再也没有什么东西值得相信。留下的是什么？是平庸，迷茫，懦弱，放弃和附和。

到今天为止，我已经是新东方年龄最大的人，过了 50 岁，但非常庆幸的是，我依然每时每刻都告诉自己，都在问自己，我的梦想在哪里？我的信念在哪里？我还在坚持一些什么？我是不是已经变得懦弱，已经变得平庸，已经变得放弃自己的理想？

来源：俞敏洪演讲稿

人靠什么活着

在一个寒冷的冬夜里，一个鞋匠在守了一整天空荡荡的店铺后，拖着一身疲累，返回他那破旧的小屋。

突然，他发现，在街角一座小礼拜堂那儿，仿佛有个白色的东西在蠕动……

哎呀！是一个人呢！

凛冽的寒风中，他竟然光溜溜的一丝不挂！鞋匠走到他的面前，脱下了自己的外套，披到他身上，脱下脚上的鞋子，替他穿上。那人依旧动也不动。

"走吧，到我家去。"鞋匠说。

鞋匠太太看到丈夫领了个陌生人回来，脸上的表情瞬间换了个样，因为，她丈夫的衣服竟然全穿在那个陌生人身上。

"给他一些食物吧！"鞋匠对他的妻子说。

"只剩一块面包了！"鞋匠太太大声抱怨着。

鞋匠压低了声音说："给他吧！他看起来好像已经饿了很久，要是再不吃些东西，他会死的。"鞋匠太太将柜子里仅剩的一块面包拿给了那位陌生人。那人看了看鞋匠夫妇的脸庞，苍白的脸上浮起了一丝微笑。

就这样，鞋匠夫妇收留了这个倒在雪地的年轻人，并且教他做鞋子。无论教他干什么，他都领会得很快，干起来就像缝鞋缝了一辈子似的。

日子一天一天、一星期一星期地过去，年轻人仍旧在鞋匠家住着，干他的活。他的名声传开了，谁做靴子也没有他做得利落、结实。这一带的人都找他做靴子，鞋匠家渐渐富裕起来。

冬季里的一天，鞋匠正在干活，有辆马车摇着铃铛驶到屋前。由车厢里钻出一位穿皮大衣的老爷。

老爷把一个包着皮子的包袱放在桌上说："这是德国货，值20卢布。你能用这块皮子给我做一双靴子吗？"

"行，大人。"

"你得给我做一双一年穿不坏、不变形、不开绽的靴子。我给10卢布工钱。"

送走了老爷，鞋匠对年轻人说："活儿我们接了，可别惹祸。皮子贵重，老爷又凶，可不能出岔子。你比我眼力好，你裁料，我上靴头。"

年轻人接过皮子，铺在桌面上，一折二，拿起刀子就裁。

"你这是怎么啦？真要我的命！老爷定做的是靴子，可你做的是什么？"

他的话音未落，门环响了，进来的是那位老爷的仆人。一进门就大声嚷嚷："不用做了！老爷还没到家就死在车里了。太太对我说：'你去告诉鞋匠，靴子不用做了，赶快拿那块料做一双给死人穿的便鞋。'"

六年过去了，年轻人一直留在鞋匠家中，他像往常一样，不出门，不多嘴，这些年来只笑过两次，第一次是女主人给他端上晚饭的时候，第二次是向那位老爷笑。鞋匠对自己的雇工满意极了，再不问他的来历，只怕他离开。

有一天，有个女人上鞋匠家来了，身上穿得干干净净，一手牵着一个穿皮袄、戴绒头巾的小姑娘。两个小姑娘长得一模一样，只是其中一个左腿有毛病，一步一跛的。

女人在桌边坐下，说："我想给两个小丫头做皮鞋，春天穿。"

鞋匠量了尺寸，指着小瘸子说："她是怎么成这个样子的，多好看的一个小姑娘，生下就这样吗？"

"这是五六年前的事了，"她说，"那时候我和我男人在乡下种地，跟她们的父母是邻居。那家只有当家的一个男人，在林子里干活。有一回，一棵树放倒的时候压在他身上，把五脏六腑都快压出来了，抬到家就断了气。那个星期他女人生下一对女儿，就是这两个。家里穷，又没人帮忙，那女人孤零零地生下孩子，又孤零零地死了。

　　"村里的妇女只有我在奶孩子，人们就把两个丫头暂时抱到我家去了。那时候我年轻力壮，吃得又好，奶水多得直往外冒。上帝让这两个丫头长大了，而我的孩子第二年却死了。以后上帝再也没有给我孩子，可是日子越过越好。要是没有这两个丫头，我该怎么过啊！"

　　鞋匠送妇人出去的时候回头看了看年轻人，只见他坐在那里，把叉在一起的两手搁在膝头上，望天微笑。

　　鞋匠走到他跟前问："你怎么啦？"

　　年轻人从板凳上站起来，放下活计，解了围裙，向鞋匠鞠了一躬，说：

　　"请主人原谅。上帝已经宽恕了我，请你们也宽恕我。

　　"我本是天使，上帝派我去取一个女人的灵魂。我降到地上，看见一个女人病在床上，她一胎生了两个女儿。两个小东西在母亲身边蠕动，母亲无力起来喂她们吃奶。她看见我，明白是上帝派我来取她的灵魂，就哭了，并且说：'天使啊！我男人刚死，是在林子里给树砸死的。我没有姊妹，也没有三姑六婆，没人帮我养孩子。你先别取我的灵魂，让我自己把两个孩子抚养成人！孩子没爹没娘活不成啊！'我听信了她的话，对上帝说：'我不能取一个产妇的灵魂。'上帝说：'你去取这产妇的灵魂，以后你会明白三个道理：人心里有什么，什么是人无能为力的，人靠什么活着。等你明白了这三个道理，再回天上来。'我又回去取了那产妇的灵魂。

"两个婴儿从母亲怀里滚到床上，母亲的身体倒下时压坏了一个婴儿的一条腿。我升到这个村子上空，准备把产妇的灵魂交给上帝，但是一阵风吹来，折断了我的翅膀。那灵魂独自到上帝那里去了，我摔到地上，倒在大路旁。"

接着天使说："当你的妻子将橱柜里仅有的那块面包递到我的手中时，从她的眼神，我想起了上帝的第一句话，'你会知道人心里有什么'。我明白，人心里有爱。上帝已经开始向我显示他答应向我显示的东西，因此我高兴极了，第一次露出了笑脸。"

"我在你们这里住下来，生活了一年。有个人来定做一年不会坏、不开绽、不变形的靴子。我看了他一眼，忽然发现他背后站着我的朋友——死亡天使。只有我看得见这位天使，我认识他，并且知道，在日落以前这个阔佬的灵魂就要被取去。于是我想，这人要给自己预备一年用的东西，却不知道他活不过今夜。我便想起上帝的第二句话：'你会知道什么是人无能为力的'。

"但是我还不明白人靠什么活着，于是我继续等待上帝向我揭示最后一个道理。第六年来了两个小姑娘和一个妇人，我认出这两个小姑娘，知道她们是怎样活下来的。于是我想，当那位母亲求我为了两个孩子留下她的灵魂时，我听了她的话，以为孩子没爹没娘就没法活下去，结果一个陌生女人把她们抚养大了。当这个女人怜爱别人的孩子而流下泪来的时候，我在她脸上看见了真正的上帝，并且明白了，人靠什么活着。我明白，上帝向我揭示了最后一个道理，并且宽恕了我，所以我笑了。

我现在明白了，人们活着完全是靠爱。谁生活在爱中，谁的生活里就有上帝，谁心中就有上帝，因为上帝就是爱。"

来源：豆丁网

不是路到了尽头，而是你该转弯了

当你遇到一件事情，已无法解决，甚至是已经影响到你的生活、心情时何不停下脚步，给心灵一个修禅打坐的时间。或许换种方法，或许换种角度，或许换条路来走事情便会简单了许多，"如果我们走得太快，要停一停等候灵魂跟上来"。

生命中总有挫折，那不是尽头，只是在提醒你，该转弯了。

学会放弃，将昨天埋在心底，留下最美的回忆，放手并不代表你的失败，放手只是让你再找条更美好的路走。

其实人生很多时候需要自觉的放弃。当一切都已成为过眼云烟，放弃已经是最好的诠释，也就是一种最好的幸福。

放弃了恨，留下的就是爱，在落泪以前转身离去，留下华丽的背影，让心灵的负荷轻松而灵动，心中留下的应该是那种淡然，当时间静悄悄地滑过，那样一种感觉，已经随着时间而慢慢走远，心中唯存一种叫爱的东西。

日休禅师曾经说过：人生只有三天——昨天，今天和明天。活在昨天的人迷惑，活在明天的人等待，只有活在今天的人最踏实。

执着是一种负担，甚至是一种苦楚，计较得太多就成了一种羁绊，迷失得太久便成了一种痛苦。放弃是一种胸怀，是一种成熟，是对自我内心的一种自信和把握。放弃，不是放弃追求，而是让人以豁达的心态去面对生活。

古人说："失之东隅，收之桑榆。"人生中，得与失，也发生在一念之间。到底要得到什么？到底要失去什么？见仁见智。

人生苦短，我们只是世界的一个匆匆过客，其实在这个看似短暂的人生之旅中，得点儿，失点儿，又何妨呢？

得不到和已经失去的固然珍贵，但这并不是最珍贵的，人间最珍贵的应该是把握好现在你手中的幸福，好好珍惜眼前人。

随着年龄的增长、阅历的充实，人应该随着时间调整自己的生命点。失去是一种痛苦，也是一种幸福。因为失去了绿色，却得到了丰硕的金秋。失去了太阳，却换来了繁星满天。

如何面对人生中的得与失，这恐怕是千百年来许多人苦苦思索的。该得到的不要错过，该失去的，洒脱地放弃，不必太在意，拥有时珍惜，失去后不说遗憾；过多的在乎将让人生的乐趣减半，看淡了一切也就多了生命的释然。

不是路已走到了尽头，而是该转弯了！

来源：搜狐网

等太阳的人

我想也许这是生活筛选我们的方式：

它会在某个时候给你带来一片黑暗，再从黑暗里去甄别我们。那些已经放弃的人，便永远不会知道默默等待的下一秒会出现什么，而执着等待的人，生活总会为他升起一轮照亮他的红日。

前段时间，一个朋友失恋了。整个人感觉失去了以往的活力和能量，我挺想安慰他，但是我没失恋五六年了，实在不知道从何说起。我想很多时候，某个你特别在意的人，某件你特别在意的事，一旦失去，就像你的天空失去了太阳一样，昏黑一片。但是我相信真正会让你高兴的，是雨后的彩虹；让你长大的，是那些背叛的诺言；还相信，如果你不放弃等待，生活总会升起一轮红日照亮你。

一

前段时间去看日出，我以前从来没见过日出，只在小时候翻看照片的时候，发现一张父母年轻的时候在黄山看日出的照片，他们穿着那个年代感觉很潮的衣服，微笑的脸后是一个巨大的红色朝阳。从此，我对日出一直比较好奇和向往。

那天夜里，我和几个朋友就开着车出发了，整车人就我一个有驾照，长时间的驾驶让我渐渐失去了出发时的热情。看着导航，发现越来越靠近大海的时候，我打开车窗，想感受一下大海的气息。但是却飘进来了一股浓烈的咸鱼味；这让我想起高中时的宿舍，在你所能见到的每一个角落都躺着一只发黄的袜子，散发出绝望的气息，类似咸鱼。

终于到海滨公园的时候，在门口遇见一群骑车而来的大学生，也在等日出，搭着帐篷，有的聊天，有的睡觉。问他们怎么不进去等，他们说夜里这公园不开放。听完我就特别想跳海。

我曾以为，在等日出的过程中，应该是一群人聊着天，肩并肩，吹着海风一起怀揣憧憬等待一轮从天空升起的红日。

但那天，我们只是彼此传递着风油精，然后细数那些从身边、耳畔飞过的蚊子。我在心里默默发誓，在余生里，不会再做这种事了。

二

夏天的夜晚让人昏昏欲睡又睡不着。在这种折磨中，我想起了一个故事。

有两个奇怪的人，一生昼伏夜出，所以以为月亮是世界上唯一能带来光明的东西。终于有一天夜里，月亮被密云遮盖，其中一个感到非常恐慌，以为从此再无光明，将会一生笼罩在黑暗里，于是接受了这个宿命，回到住处，自我沉沦；另一个则执着地等啊等，等啊等，最后他没等来月亮，却等来了太阳。

其实我们很多时候，都会成为第一个人。

初中的时候，有个好兄弟，现在去当空军地勤兵了，就是每天挥挥旗子，站站岗，擦擦飞机，没事兼职一下炊事兵，却一辈子没有机会能翱翔在蓝天的那种。

他初中时，为了一个女生死去活来，每次失恋抱着我哭，整个肩膀都是他的鼻涕和眼泪，抽烟抽到吐黄胆水。直至今日，我想起这幕，仍然觉得非常恶心。

他本是个活泼有趣的人，但是一段失败的恋情，就让他失去所有的光彩了。

还有一个邻居，高考失败，把自己关在房间里，不吃不喝不说话，他的父母每天都特别担忧，愁容满面。

我们年轻的时候，就是这样用生活给我们的挫折持续惩罚自己，再顺便把这种痛苦传递给身边亲近的人。

　　只是那时初中，对那位兄弟的痛苦，并不能感同身受，因为那时候我还没失恋过；也不知道为什么一个人考试没考好，会这么伤心。

　　我和空军地勤兵最后一次见面，是 16 岁，那天我要去机场了，即将离开重庆。在楼下我们相拥而泣，他又哭得我一肩膀都是。不过那天，我特别想对他说，我终于知道你以前为什么能那么伤心了。因为那时我也必须要和初恋女友分开了，这种感觉就是一种无法和生活抗衡的无奈。

　　后来那几年，也在非常专注地为一件事努力过后却没得到好结果时，明白了那位邻居。

　　也渐渐明白了时间是世上最牛逼的存在，它给你带来了恩赐，也带走了你珍惜的，并且循环反复，却没有人能逆着时间前行，所以才有那么多关于穿越的幻想，期待另一个时空有你想要的一切。

三

　　若干年后的今天，再给空军地勤兵打电话，他依然活泼有趣，没心没肺，生机勃勃，我跟他说起当初他失恋的情形，他自己都觉得不好意思。也许那个女生长什么样他都难以再想起了。

　　而那位邻居，后来大学毕业以后，有了一份满意稳定的工作和自己的家庭，QQ 签名写着：这是我想要的生活。

　　而我在某年回重庆参加一个兄弟的婚礼，看到初恋女友，也就仅仅觉得见到了一个熟人而已。

那些我们曾经以为无法释怀，太阳陨落的事件，都随着时间被冲刷得一干二净。

回到那个故事的话，我们曾经都做过第一个人。但是这些经历会让我们成长；我们渐渐会学着努力成为第二个人；也许心底还会傻傻地在没见过太阳之前，以为月亮很亮；依然满心期待月亮再出现；但是不会再自我沉沦，放弃等待。

我想也许这是生活筛选我们的方式：它会在某个时候给你带来一片黑暗，再从黑暗里去甄别我们，那些已经放弃的人，便永远不会知道默默等待的下一秒会出现什么；而那些执着等待的，生活总会为他升起一轮照亮他的红日。

看日出那天，在漫长的等待后，东方开始微亮，朝霞悄悄挂上天空一角，一轮红色的朝阳优哉优哉地从天空升起，它的壮观和美丽瞬间打消了我所有的抱怨不满和疲惫。你甚至都不记得在那之前的短短几十分钟里，黎明前的天空有多黑暗，我激动地想大喊一句：日出来了！但是觉得不妥，就忍住了。

我本来以为这是一次失落的旅程，不过太阳升起的时候，才发现之前的种种早已经烟消云散了。

其实很多事情，很多时候，都是这样，太阳升起时，一切就都烟消云散了，但前提你必须是那个等太阳的人。

摘自：《情感读本》2015 年 18 期